中国蔬菜生产效率及其时空效应研究

王　欢　穆月英　著

U0246048

中国农业出版社

北　京

图书在版编目（CIP）数据

中国蔬菜生产效率及其时空效应研究／王欢，穆月英著．—北京：中国农业出版社，2020.6
　　ISBN 978-7-109-26807-4

　　Ⅰ.①中…　Ⅱ.①王…②穆…　Ⅲ.①蔬菜园艺—研究—中国　Ⅳ.①S63

中国版本图书馆 CIP 数据核字（2020）第 073884 号

中国蔬菜生产效率及其时空效应研究
ZHONGGUO SHUCAI SHENGCHAN XIAOLÜ JIQI SHIKONG XIAOYING YANJIU

中国农业出版社出版
地址：北京市朝阳区麦子店街 18 号楼
邮编：100125
责任编辑：潘洪洋
版式设计：杨　婧　　责任校对：周丽芳
印刷：北京中兴印刷有限公司
版次：2020 年 6 月第 1 版
印次：2020 年 6 月北京第 1 次印刷
发行：新华书店北京发行所
开本：720mm×960mm　1/16
印张：13.75
字数：245 千字
定价：58.00 元

本研究得到以下项目资助：

国家自然科学基金
"空间均衡视角下蔬菜跨区域供给、地区结构及供给效应研究"
（71773121）

现代农业产业技术体系
北京市果类蔬菜产业创新团队项目
（BAIC01－2018）

中国博士后科学基金
"收入补贴'黄转绿'对粮食生产投入及效率的影响研究"
（2019M660703）

国家重点研发计划项目
"粮食作物丰产增效资源配置机理与种植模式优化
——粮食主产区作物种植模式资源效率与生态经济评价"
（2016YFD0300210）

国家社科基金重大项目
"我国粮食生产的水资源时空匹配及优化路径研究"
（18ZDA074）

前　　言

　　产业兴旺是实施乡村振兴战略和深化农业供给侧结构性改革的重要内容。改革开放以来，我国蔬菜产业实现了快速发展，从品种和数量方面满足了消费需求的增长。然而在农业资源匮乏、生态环境被破坏的现实条件下，我国蔬菜产业的发展受到生产要素和生态环境的双重约束，提高效率、向内涵式发展转变是未来蔬菜发展的必经之路。与其他农作物相比，蔬菜品种丰富、种植范围广。因此，基于蔬菜生产的特点如何评价其效率水平？其效率受何种因素的限制？提高蔬菜生产效率路径为何？是值得关注的问题。

　　本书基于对效率测度理论以及相关理论的梳理和归纳，结合使用宏观和微观数据，在明确效率在蔬菜生产发展中地位的基础上，构建符合蔬菜特征的效率评价框架，并对效率的发展特点、影响因素以及其经济效应进行了深入分析。具体来说，主要的研究内容如下。

　　研究内容一：蔬菜生产效率的产业发展作用分析。

　　在对蔬菜生产历史演变进行分析总结的基础上，采用因式分解法明确了效率在蔬菜生产发展中的重要地位。结果表明，我国蔬菜生产的各要素生产率呈现迅速提高的趋势，土地和劳动力生产率对产量具有较高的贡献率。

　　研究内容二：不同角度蔬菜生产效率的系统性评价。

　　采用 SBM-DEA 模型、经济重心模型、Malmquist 生产率指数等方法，分别从产业对比、品种对比和地区差异三个角度对蔬菜生产效率进行了评价分析。结果表明，与其他作物品种相比，蔬菜生产具有一定的效率优势，但增长速度存在劣势。从蔬菜内部品种对比来看，果类蔬菜技术效率水平最高，各类蔬菜存在资源与效率不匹配的情况。另外，全国蔬菜生产可划分为六类产区，具有丰富农业资源的地区效率优势显著，是蔬菜供给的有力保障。

研究内容三：我国蔬菜生产效率的变动特征分析。

采用 MML 生产率指数以及空间计量模型，从时间和空间角度对效率的变动特征进行了分析。结果表明，蔬菜 *TFP* 主要呈现负向增长，主要原因是技术效率损失，两种生产方式中露地蔬菜 *TFP* 增长较快，但设施蔬菜存在追赶势头。从空间角度来看，效率存在显著的空间集聚和溢出效应，收敛特征也较为显著。

研究内容四：蔬菜生产效率的影响因素及其经济溢出效应。

基于农户调研数据，采用三阶段 Bootstrapped-DEA 模型分析了效率的影响因素，另外基于 CGE 模型模拟分析了效率的经济溢出效应。结果表明，农户生产方式不当是造成效率损失的主要原因，风险、劳动力不足以及技术采用类型是限制效率提高的主要因素。蔬菜生产效率的提高能够提高蔬菜产品的国际竞争力，释放农业生产资源。

目　　录

1 导　　论

1.1　选题背景与研究意义

1.1.1　选题背景

蔬菜是人们日常饮食中必不可少的食物之一，对现代人的健康十分重要，据联合国粮农组织（FAO）1990 年统计，人体必需的维生素 C 的90％、维生素 A 的 60％均来自蔬菜。在我国，随着人民生活水平的提高，人们越来越注重追求营养均衡，蔬菜已成为人们餐桌上不可或缺的一部分。我国是世界上最大的蔬菜消费国，据统计，我国人均蔬菜摄入量占食物摄入量的 34.16％，远高于世界平均水平（19.9％）[1]。除此之外，我国还是世界最大的蔬菜生产国，据 FAO 统计，2016 年我国蔬菜总产量达1.7 亿吨，收获面积 1 057.56 万公顷，分别占世界蔬菜总产量和总收获面积的 58.42％和 50.84％。而在国内农业产业中，蔬菜生产也占有重要地位，全国蔬菜播种面积约占农作物总种植面积的 1/10 以上，蔬菜是除粮食作物以外播种范围最广、种植面积最大的农作物。同时，蔬菜作为经济作物，具有较高的相对经济效益，其创造的产值占种植业总产值的 1/3，是农民收入的主要来源之一。

2017 年中央 1 号文件提出推进农业供给侧结构性改革，2018 年又提出了以产业兴旺为基础的乡村振兴战略。在农业供给侧结构性改革与乡村振兴战略的实施中，产业兴旺和产业发展始终是重要的内容。而在促进农业产业发展的过程中，生产的提质增效是重要的工作抓手。蔬菜生产由于其重要的粮食安全和产业地位，一直受到高度重视。农业农村部及发展改革委员会针对全国蔬菜以及设施蔬菜分别制定了相关产业发展规划，提出

---

[1]　数据来源：根据联合国粮食及农业组织（FAO）2017 年食物平衡表数据整理所得。

蔬菜及设施蔬菜主产区建设的相关规划。虽然从供给总量方面讲，我国目前蔬菜生产基本可以实现自给自足，但考虑到蔬菜产业的重要地位以及农业整体生产资源分配比例的下降，提高蔬菜生产效率将仍是未来蔬菜生产发展的主题。

从国内资源条件来看，我国虽然幅员辽阔，但由于地质环境复杂多变，可利用的农业生产资源总量相对有限。另外，我国庞大的人口总数以及城镇化的发展，加剧了我国农业生产发展的资源约束。从 20 世纪 80 年代以来，我国耕地面积不断减少（毕于运，2000），目前保持在 12 000 万公顷左右。而全国适宜农作物生产的后备土地资源仅为 666.67 万公顷。虽然在农业技术进步的推动下，我国农作物播种面积没有受到耕地面积减少的影响而下降，但也仅稳定在 1.7 亿公顷左右。

我国用占世界不足 9% 的耕地养活了世界近 20% 的人口，创造了农业奇迹，但从发展方式来看，我国农业过度依赖要素的投入，形成外延式的发展模式。我国用占世界 35% 的化肥投入量生产了占世界 21% 的粮食（钱克明，2015），化肥施用量排名世界第一，是印度（第二位）和美国（第三位）的总和（2014 年）。而农业各部门中蔬菜生产的要素投入扩张更为显著，从 1978 年到 2015 年蔬菜播种面积增长 5.6 倍，从 1998 年到 2014 年蔬菜化肥用量增长 1.1 倍，远高于粮食作物化肥用量增速（0.3 倍），化肥使用量占比增长至 18.81%，仅次于粮食作物（侯萌瑶等，2017）。在要素的扩张下，蔬菜产量也迅速增长，从 1990 年到 2014 年，我国蔬菜总产量增长近 3 倍，但同时期蔬菜播种面积与蔬菜总量增长趋势相同，蔬菜单产变化不大，反映出我国蔬菜生产的发展主要依靠生产资源的投入。

从我国蔬菜生产可持续发展来看，蔬菜生产还受到生态环境的制约。目前我国农业生产生态环境破坏情况较为严重，至少有 1 300 万～1 600 万公顷耕地受到严重污染。2007 年，在我国对耕地肥力质量的一项调查中，全国土壤样本不合格率达到 87%。2008 年，全国七大水系中超过 1/5 的断面水质为劣 V 类，即不适合用于农业灌溉。同时，近年来由于农业生态环境污染造成的食品安全问题也十分突出，如"镉大米""毒豌豆"等。而农业生态环境破坏的主要来源是农业生产自身。农业面源污染是我国水体污染中氮、磷的主要来源（饶静等，2011）。长期以来，在自然资源的限制以及人口需求的压力下，我国耕地开发利用强度过大，存在农业生产资料的过度投入。过量使用的化肥、农药、农膜等化学合成生产资料直接或通过生态循环系统流失到环境中并造成生态破坏，导致耕地土壤酸化、板结、产量降低，水体富营养化、面源污染，甚至通过食物链的累积效应最终威胁到人类健康。我国每年化肥使用量中约 40％流失至自然环境中；农药在大气中扩散和流失，并残留于部分农畜产品中；每年近千吨地膜残留于土壤中。可见农业生产方式不合理造成的生态环境问题已对农业生产产生影响。蔬菜作为投入密集型作物，其生产过程中的环境约束相对更为显著。而蔬菜产品作为生鲜产品，会直接将环境污染的影响传递到饭桌，影响居民健康。

1.1.2 研究意义

在生产要素和生态环境的双重约束下，蔬菜生产依赖以往的外延式增长模式难以实现可持续发展，而内涵式增长模式则要求在现有的资源条件下提高生产效率，保证蔬菜供给水平。蔬菜生产效率的提高除具有产量增长效应外，还具有要素节省和提高生产过程生态环境友好性的效应。提高蔬菜生产效率是实现我国蔬菜生产可持续发展的关键路径，蔬菜生产效率反映了蔬菜生产、经济、资源和环境等四个方面的可持续性。第一，从生产可持续来看，对农户来说一定的投入水平能够生产出足够多的产品是农业再生产以及扩大再生产的必要条件，因此蔬菜的生产可持续代表尽最大可能提供更多的产品，提高蔬菜生产效率就是在既有的投入水平下最大化产出水平，可见蔬菜生产效率的优化即为其生产可持续的路径。第二，从经济可持续来看，保证菜农收入稳定和提高是保护生产积极性的关键，生产效率的提高是成本最小化、产出最大化的优化方向，意味着经济可持续性的提高。第三，从资源可持续来看，蔬菜生产面临着有限自然资源的约束，从资源利用角度来看，可持续发展代表着资源利用效率的提高，因此蔬菜生产效率的提高促进了资源的可持续利用。第四，从环境可持续来看，蔬菜生产过程中要素的过度投入、使用效率不高是造成蔬菜生产生态环境恶化、环境可持续能力降低的主要原因，而提高蔬菜生产效率就是尽可能发挥各类生产要素的效力从而减少要素的过度投入，意味着蔬菜生产的环境可持续发展。因此，对蔬菜生产效率的测度以及探讨其提高路径就是从生产、经济、资源和环境四个方面对蔬菜的可持续性做出评价，并为提高其可持续性提供相关的决策依据。

从社会经济整体来看，蔬菜生产具有重要作用，除增加农民收入外，作为劳动、技术、资本密集型产业，蔬菜生产还吸纳了大量的生产要素。而农业生产系统并非是封闭和独立的，农业劳动生产率、土地生产率的不断提高，生产要素市场自由化以及农业生产比较收益的下降等会造成农业部门生产要素向非农部门的转移。可见，蔬菜生产可能会对经济环境产生一定的经济溢出效应。

因此，关注资源环境约束下我国蔬菜生产效率的真实水平、发展特点、提高路径以及其对社会经济产生的溢出效应对于保证蔬菜生产的可持续性以及蔬菜产业提质增效的转型发展具有重要意义。

1.2 文献综述

1.2.1 关于蔬菜生产效益及效率的研究

（1）蔬菜生产效益问题

蔬菜生产效益是关系到蔬菜生产是否经济可持续的重要问题。同时，蔬菜生产作为农民收入的主要来源之一，其效益问题也关系到农民收入的稳定和提高，蔬菜生产效益从成本收益方面体现了蔬菜生产效率的水平，一些研究针对蔬菜生产的效益问题进行了分析。卢中华（2008）从蔬菜生产效益对产业集聚区域布局的影响、蔬菜加工对蔬菜生产效益的影响、生产效益的时间变化趋势、产业组织形式对蔬菜生产效益的影响等方面分析了我国蔬菜生产效益的特点、趋势和影响因素，得出蔬菜生产效益是驱动蔬菜产业集聚及区域变动的主要因素，而蔬菜加工可直接和间接促进蔬菜生产效益的提高，产业组织转型和升级是提高蔬菜生产效益的根本途径的结论，并在此基础上提出我国蔬菜生产效益持续发展的对策建议。龚月（2010）分别从投入成本构成和产出水平两方面对比了武汉市不同蔬菜生产模式的差异，并建立 C-D 生产函数对蔬菜生产的经济效益以及资源配置水平进行了评价。夏春萍等（2012）在对蔬菜生产农户进行成本收益分析的基础上，建立生产函数模型，利用回归方法研究了投入要素对农户收入的影响，结果发现劳动成本的上涨使得蔬菜纯收益并不理想，且家庭资产、种植规模和生产专业化对农户蔬菜生产收入有显著影响。陈立新（2013）对黑龙江省设施蔬菜生产从种植规模、设施类型、生产周期、成本收益几方面进行了系统的分析，同时通过调查发现黑龙江蔬菜生产存在盲目扩大规模和增加要素投入、机械化和专业化程度低等问题，并提出发展建议。肖体琼等（2015）通过建立逐步多元回归模型分析了1998—2012年中国蔬菜生产中物质、人工和土地成本构成变动对单位面积产量、产值和利润的影响，同时通过建立以物质、人工、土地成本以及净利润和成本利润率为评价指标的指标体系对13种主要蔬菜品种进行聚类分析，结果发现，价格和人工成本是影响蔬菜成本收益的主要因素，同时将中国主要蔬菜生产品种分为三类，并针对不同类别分析了机械化生产的可行性。Heidari等（2011）从能量输入输出关系方面分析了农户蔬菜生产的收益。他们在伊朗一地区对43个温室蔬菜种植农户进行了面对面的问卷调查以统计农户生产过程中的能量输入和收获的能量总量，通过对比两种农作物能量方面的成本收益比，发现对于农户来说，种植番茄收益更好。Elizaphan等（2012）利用计量方法估算出肯尼亚蔬菜生产农户参与超市供应链后其"共同技术率"可以增加45%，同时这一行为对生产的技术效率和规模效率也有显著的正影响，因此扩大超级市场规模对于小规模农业生产地区来说是促进农业增长、提高农民收入以及减少非洲地区贫困的一个重要途径。

（2）蔬菜生产效率的测算

蔬菜生产效率可以通过效率值的高低得到体现，一些研究对生产效率值进行了测算。王欢等（2015）从生产方式对比的视角，对北京市农户两种设施生产方式的技术效率进行了测算和对比，并指出大棚蔬菜生产更具效率，而温室生产方式能给农户带来更大的经济价值。孟阳、穆月英（2012）从地区比较的视角，对设施和露地两种蔬菜生产方式的技术效率和环境效率分别进行了分析，结果发现与全国各省市相比，北京市设施蔬菜生产的技术效率和环境效率均具有优势，但露地蔬菜生产不具有比较优势。张涛（2004）在日本对中国蔬菜进口设立技术贸易壁垒的背景下，对中日两国蔬菜生产效率进行测算和对比，来探讨中国蔬菜在中日蔬菜贸易中的优势与劣势，结果发现，中国蔬菜生产仅在劳动力效率方面占优势，而技术效率、规模效率、化肥使用效率以及农药使用效率均为劣势，因此提出，为了提高未来中国蔬菜出口竞争力，应当扬长避短，发挥劳动力效率的优势，着重出口劳动力密集型产品。

1.2.2 关于蔬菜生产效率区域布局的研究

（1）蔬菜生产区域布局

由于蔬菜产品具有不耐储运的特点，在交通运输条件不发达时蔬菜供给主要依靠城市近郊生产。然而随着交通运输条件和城镇化的发展，以及人们日渐增加的蔬菜需求，蔬菜生产地与消费地开始出现分离，蔬菜生产区域布局也不断变化。许多学者对于蔬菜生产区域布局的时空变化问题做了相关研究。刘雪等（2002）对全国蔬菜生产的规模、效率以及综合规模和效率指标建立对称性规模比较优势指数，分析比较我国蔬菜生产集中程度和生产规模、土地生产率以及发展水平的区域差异，并将我国各省市蔬菜生产划分为优势区和劣势区。结果发现，我国蔬菜生产具有较明显的地区差异，且东中部以及沿海经济发达地区在蔬菜生产方面具有优势，而由于蔬菜生鲜农产品的特性，蔬菜生产优势区往往分布在具有较好市场区位条件的地区。李岳云等（2007）对我国蔬菜生产区域化发展及演化机制进行分析，发现我国蔬菜生产区域化的演化缘于生产者的利益驱动，在此基础上，从省域层面建立相对优势指标，并采用系统聚类分析方法将具有比较优势的地区分为四类，并对各类地区提出优化建议。黄曼（2011）对1980—2008年上海市蔬菜生产的品种、规模以及生产组织模式的演变进行了分析，结果发现上海市蔬菜生产规模在扩大、单产水平不断提高，品种也日益丰富和优化，蔬菜生产空间布局向远郊迁移并相对集中，而造成这一变化的主要原因是交通设施的完善、居民消费结构的变化、城镇化发展以及科技的进步。穆月英等（2011）采用灰色系统评估方法构建评价指标体系，对北京市13个区县蔬菜总体生产情况以及各大类蔬菜生产情况进行评价，并按照生产比较优势将13个区县分为高、中、低三类地区，结果表明大兴区、通州区和顺义区在蔬菜生产方面具有较大比较优势。纪龙等（2015）以我国 1978—2013 年 29 省区市的蔬菜生产情况为研究对象，通过构建蔬菜生产的空间基尼系数以及加入地区生产规模权重的区位熵指数来反映我国蔬菜生产的集聚程度及其变化，采用空间分析方法印证我国蔬菜生产集聚的空间动态过程，并对影响蔬菜生产集聚的因素进行了说明。结果表明，我国蔬菜生产集聚总体呈上升趋势，不同区域集聚程度相差较大，且呈集中连片特征。吴建寨等（2015）通过建立蔬菜生产集中度指数、基尼系数等指标从省域层面分析了 1995—2012 年中国蔬菜生产的时空变动，并建立修正的 C－D 生产函数对包括产业集聚水平的蔬菜产值影响因素进行了分析。结果发现，西部省份和北部省份蔬菜产业在研究期内发展迅速，即蔬菜生产重心有向西部和北部转移的趋势，且蔬菜产业的集聚有利于蔬菜产值的增加。

（2）蔬菜生产效率角度的区域布局

蔬菜生产效率是对生产经营能力、经验、技术、要素质量等多种因素的综合衡量。而这些因素都具有外溢性，因此可能造成区域之间发展趋势的趋同性。随着区域专业化的发展，一些地区率先成为蔬菜生产优势产区。而近些年在技术创新的诱导下，不少非优势区获得了后发优势，逐渐发展起来。一些研究就针对主产区和非主产区之间的效率差异进行了对比分析。如吕超和周应恒（2011）运用 DEA-Malmquist 指数法，以番茄生产为例，对 1994—2007 年全国和各省区市蔬菜全要素生产率变动进行了分析，并对其变动进行分解，结果发现，受到蔬菜生产在劳动力、化肥以及资本方面高投入特点的限制，我国蔬菜生产率增长并不理想，而技术进步是驱动我国蔬菜全要素生产率变动的主要因素。从不同地区来看，蔬菜主要主产区生产率增长较其他产区慢。王亚坤和王慧军（2015）采用超效率 DEA 和 Malmquist 指数方法对全国设施蔬菜生产效率进行了测算，结果发现，设施蔬菜生产中存在较普遍的生产资源浪费现象，同时相对于传统优势产区，新兴产区在生产中更注重要素投入的节约，同时生产效率具有更高的增长率。

由于蔬菜生产对温度、降水等自然因素的要求较高，不同地区之间的生产效率可能存在较大差异，一些研究从地理区划的角度对蔬菜生产效率进行了对比。左飞龙和穆月英（2013）对 2003—2009 年全国露地番茄全要素生产率进行了分析和分解，并对不同地理区域之间的差异进行了分析。结果表明，经济发达地区技术创新和进步更快，但全国范围普遍来讲技术的利用程度并不高。郭哲彪（2014）对我国2008—2013年各省市大白菜全要素生产率进行了测算和分解，结果表明在大白菜生产中，由于自然条件等因素，北方城市相对于南方城市更具优势。大白菜生产中要素尤其是劳动力和化肥过量投入情况较严重，已成为阻碍生产率提高的主要原因，而技术进步则是推动全要素生产率提高的主要动力。

1.2.3　关于不同经营组织模式下蔬菜生产效率的研究

（1）不同经营组织模式下蔬菜生产的特点

随着农业经营主体的多样化，许多学者针对传统的分散、小规模经营方式与新型经营组织模式对蔬菜生产的适应性做出了研究。崔言民（2012）对无公害蔬菜生产组织模式进行探讨，通过对已有不同经营模式的对比，提出无公害蔬菜生产经营应向产业一体化的方向优化。索艳青等（2012）通过对衡水市蔬菜生产现状进行分析，认为政府的政策应该引导蔬菜生产向区域化、规模化方向发展。并且鼓励建设蔬菜专业合作社，引导企业投资，建设生态友好型蔬菜生产模式。

由于蔬菜生产对气候条件的要求较高，且为了实现蔬菜的周年供应，发展出了三种蔬菜生产模式：露地、大棚和温室蔬菜生产。许多学者针对这三种蔬菜生产模式进行了对比分析。卢凌霄等（2010）运用概率优势分析方法估计和比较了我国各主要城市大棚和露地蔬菜生产的主要投入要素的一级概率优势，并从技术水平和要素价格差异角度分析了地区优势产生的原因，结果表明，消费规模较大的城市在设施蔬菜生产上具有比较优势。宋朝建（2012）对重庆市秀山县的设施蔬菜生产模式进行了现状分析，肯定了温室大棚对提高蔬菜生产效率的积极作用，同时也讨论了这一蔬菜生产技术存在的问题，针对这些问题，作者提出要加大科技服务力度，增加科技创新，加强科技入户工程建设，加快科学知识转化为生产力的速度。

（2）不同经营模式下的蔬菜生产效率

不同经营模式的生产效率关系到未来我国蔬菜生产组织经营模式的发

展方向。一些研究针对不同蔬菜生产经营模式的效率进行了比较和剖析。李祥伟（2005）采用随机边界生产函数模型对河北、山东的蔬菜科技园区生产技术效率进行了测算，结果发现所研究园区在技术效率方面仍有提高的空间，而提高技术效率主要是通过先进技术的扩散和先进人才的支持。崔言民、王骞（2012）针对无公害蔬菜生产中不同生产组织经营模式：农户家庭生产模式、蔬菜协会模式、农民专业合作社模式、现代农业企业模式、产业一体化模式，进行了投入产出以及效率对比分析。结果发现，从产出、利润和效率几个方面来看，产业化模式是五种模式中最优的生产模式，并建议未来蔬菜生产向规模化、组织化方向发展。

（3）蔬菜生产效率和农户行为

现阶段蔬菜生产主要以分散的小规模农户生产为主，农户作为生产决策主体，其行为有何特点以及行为受到何种因素影响是值得关注的问题，因此，许多研究针对农户的行为进行了分析。谢玉佳（2005）通过建立C-D生产函数，对农户蔬菜生产经营行为产前种植品种决策、产中蔬菜生产要素投入和技术采用决策以及产后的销售决策的特征、形成过程以及内部和外部影响因素进行了分析，并从经济效益、环境效益和社会效益三个方面分析了农户蔬菜生产经营行为的绩效。结果发现，耕地是农户主要的决策要素，而户主年龄和距市场远近是影响蔬菜种植决策的主要因素，经济效益是农户进行农作物种植比例和面积决策的最主要影响因素。张伟（2013）对农户采用蔬菜生产安全技术的现状及其决策行为机制进行了分析，结果表明，现阶段大多数农户并不注重安全技术的采用，且对相关知识和技术了解有限；同时通过构建实证模型发现，农户技术采用决策由技术采用的行为意向以及经济、环境、制度等外界因素共同决定，而前者由农户的主观认识和行为态度共同决定。

农户生产的行为决策效果直接体现在蔬菜生产效率中的资源配置水平上，一些研究从该角度对蔬菜生产效率进行了分析。王文娟等（2013）考虑到环境效应和随机误差在效率估算中可能产生的误差，采用三阶段DEA模型对微观农户蔬菜生产效率进行了测算。结果发现，环境效应和随机误差确实对生产效率有比较重要的影响，同时，目前大多数农户的生产规模低于最优生产规模，从而造成规模效率的低下，而规模效率低下是造成技术效率较低的主要原因。王欢、穆月英（2014）对农户蔬菜生产效率进行了精确的测量，发现资源配置水平较低造成了投入要素的浪费，阻碍了生产效率的进一步提高，由此认为，提高蔬菜生产效率应当从改善生产资源配置水平入手。

1.2.4 关于蔬菜生产效率与蔬菜供给保障的研究

（1）蔬菜生产效率与蔬菜供给保障

蔬菜生产是蔬菜供给的第一步，与粮食安全问题紧密相关。然而蔬菜生产受到多方面因素的影响，因此一些研究在对蔬菜产量影响因素进行分析的基础上对产量进行了预测。侯媛媛等（2011）通过主成分分析对影响我国蔬菜产量的因素进行提取和降维，得到反映蔬菜生产物质社会条件、盈利水平、气候因素和劳动者贡献的四类蔬菜生产影响因素主成分，并建立时间序列模型预测四个主成分未来发展趋势，进而对未来蔬菜产量进行了预测。鲁珊珊等（2014）基于 2000—2012 年上海市蔬菜产量数据，建立灰色预测模型对上海市 2013—2017 年蔬菜产量进行了预测，结果表明，上海市蔬菜总产量将呈不断下降的趋势，上海市蔬菜安全供给将存在一定风险。

由已有研究可知，生产风险是引起蔬菜产量波动的一个主要原因，因此，一些研究针对蔬菜生产风险问题进行了分析。韩婷等（2015）在对我国蔬菜种植自然风险的基本和区域特征进行描述分析的基础上，运用层次分析法和聚类分析法，建立蔬菜作物风险评级指标，并按照风险等级将我国各省市划分为蔬菜生产高风险区、较高风险区、中等风险区、较低风险区以及低风险区，最后针对不同风险区提出相应风险控制建议。邢鹂等（2009）以北京市蔬菜生产和西瓜生产为研究对象，构建单产变异系数、受灾指数、温度距平值、规模指数和效率指数的评价指标体系，采用聚类分析法按风险高低将北京市瓜蔬生产分为三类地区，并在以上分析的基础上对防御瓜蔬类生产风险提出建议。

在资源扩张可能性降低的条件下，保障蔬菜供给水平的根本措施是提高蔬菜生产效率，因此，一些研究对我国整体蔬菜生产效率及其变动进行了测算。如杨键（2010）分析了 2004—2008 年全国萝卜生产的成本结构及其变动，测算并分解了各主要城市萝卜全要素生产率。结果发现，观察期内萝卜的全要素生产率呈现倒 U 形发展趋势，技术进步是推动全要素生产率提高的主要因素，而技术效率阻碍了其提高，且萝卜生产的规模报酬大多处于递减阶段。同时揭示了我国萝卜生产方式过于粗放的现状，并提出在促进技术进步的同时，应当注重资源的合理配置和投入，避免生产要素的过度投入。

对蔬菜供给的保障不应仅考虑蔬菜总量，应同时考虑蔬菜供给结构性保障，因此，一些研究从不同蔬菜种类角度考察生产效率变动。如张领先等（2013）对 2004—2008 年北京市 5 类蔬菜的全要素生产率分别从纵向和横向两个角度进行了对比分析。结果表明，考察期内大部分年份蔬菜生产投入产出都处于最优状态，而提高蔬菜生产效率要从提高技术利用水平和促进技术进步两方面入手。徐家鹏、李崇光（2011）对 2003—2004 年全国七类蔬菜生产的技术效率及其影响因素进行了分析，结果表明，造成蔬菜生产欠缺效率的主要原因是资源投入过量，而提高我国蔬菜生产技术效率的关键在于技术的推广。

（2）蔬菜质量保障与蔬菜生产效率

随着生活水平的提高，人们对食品安全、质量水平的要求也不断提高，尤其是在蔬菜产品消费方面，人们对有机、绿色以及无公害蔬菜的消费需求不断扩大，这促进了有机、绿色、无公害蔬菜产业的发展，许多学者针对环境友好型蔬菜生产做出了研究。郑秋道（2005）从气候资源、历史条件、市场条件、经营体制、生产品种、监管体系、政府投入、科技发展等方面对新乡市无公害蔬菜生产的现状、优劣势进行了完整的分析，并针对具有不同条件的县区提出了无公害蔬菜生产的理想模式。Kanokporn 等（2012）研究了泰国的有机蔬菜生产，他们通过对泰国马哈沙拉堪府 13 个区的 173 户蔬菜生产农户进行问卷调查发现，由于相比于传统蔬菜生产，有机蔬菜生产的产量低且价格并没有明显的优势，农户种植有机蔬菜收益较低，所以有机蔬菜的种植比例非常低。

在促进环境友好型蔬菜生产发展的过程中，农户是否愿意生产环境友好型蔬菜是关键的问题，因此一些研究从农户层面进行了探索。如陈雨生等（2009a）在计划行为理论的基础上构建了农民生产无公害认证蔬菜意愿的模型，采用因子分析法对影响因素进行降维浓缩处理，然后采用多元回归分析法分析各因子对农户生产意愿的影响。结果表明，蔬菜商贩是挫伤农户种植积极性的主要原因，而企业以及蔬菜专业合作社能够保证无公害认证蔬菜生产农户的经济利益进而推动无公害蔬菜发展。陈雨生（2009b）采用因子分析法和多元回归法，对北京市农户有机蔬菜生产影响因素进行归类汇总并对其影响程度进行估计。结果发现，蔬菜企业的引导能够使有机产品体现其真实价值，进而刺激农户的生产积极性，而商贩只重数量不重质量的收购方式可能会挫伤农户的生产积极性；有机蔬菜所创造的环境和健康价值对农户种植积极性影响并不大。

从传统生产方式到环境友好型生产方式的转变实际上是农户对新技术的采纳，因此，一些研究从农户新技术采纳行为决策的角度进行了分析。如邢卫锋（2004）从农户技术采用决策机制、技术推广手段以及农户自身条件三个方面对农户无公害蔬菜生产技术采纳行为进行了分析。结果发现，农户技术采纳行为符合"有限理性小农"假说，并且高收入农户采纳比例较高，农机推广人员和推广机构能够有效促进农户技术采纳。张婷（2012）运用计划行为理论构建了农户绿色蔬菜生产行为决策的理论框架，即农户对生产绿色蔬菜的态度、主观规范、知觉行为控制以及其自身因素对农户行为意向产生影响进而表现为农户生产行为，并利用四川省农户调研数据验证了这一理论框架，结果发现，预期收益、与相关企业的合约关系以及农户自身质量控制特征对农户绿色蔬菜生产行为有较大影响。

环境友好型蔬菜生产不仅能够对环境保护起到积极作用，同时也是未来满足消费者食品安全需求的发展方向。然而环境友好型蔬菜生产能否持续发展下去，效率是十分重要的一个方面。彭科、安玉发，方成民（2011）针对2008年农户无公害黄瓜和番茄两类蔬菜生产数据，分别采用参数DEA和非参数SFA法对其技术效率进行了测算，得出了稳健的技术效率值并对影响技术效率的因素进行了分析。结果发现，由于农药、化肥和劳动力等要素投入过剩，无公害蔬菜生产农户的技术效率普遍较低，相对于最优规模，生产规模普遍较小，造成规模效率的损失。另外，提高无公害蔬菜生产技术效率要从建立健全农户获取科技信息和市场销售渠道方面入手。钱静斐（2015）采用随机前沿生产函数对山东肥城市有机菜花生产农户的技术效率进行了测算，并分析了造成效率损失的因素。结果表明，现阶段有机菜花生产技术效率存在提升空间，雇工农户和大规模生产更具有优势，而制约有机菜花规模化生产的主要因素是劳动力短缺。

1.2.5　关于生产效率实证分析方法的研究

目前主要的生产效率测度方法都是基于 Farrell 的生产前沿面方法，而实际的估计过程按照是否建立确定的生产函数分为参数法和非参数法。对于静态的技术效率以及动态的全要素生产率的估计又有不同的思路，因此，对生产效率实证分析方法研究的梳理分别从两类生产效率的角度进行。

（1）技术效率的实证分析方法

在技术效率的测算中，非参数法主要以数据包络分析（Data Envelopment Analysis，DEA）为代表，而参数法主要以随机前沿面分析（Stochastic Frontier Analysis，SFA）为代表。两者的区别主要是 SFA 对于生产过程建立了确定的生产函数。两类方法在实际研究中均有广泛的应用。

a. 技术效率分析的非参数法

DEA 方法最初是由运筹学家 Charnes 等（1978）提出的，其估计原理是对实际生产目标和理想生产目标之间的差距建立 Shephard 距离函数，并通过带约束条件的数学规划求得函数的最大值，并基于此给出一个介于 0 和 1 之间的相对效率值。由于线性规划方法没有生产函数单一因变量的限制，因此可以对多目标产出的生产过程求得技术效率，并且不受变量量纲的影响、计算方法简单、对样本量要求不高（韩松等，2004）。基本的 DEA 模型从关于规模报酬假设的角度可以分为两类，即基于不变规模报酬的 CCR 模型（Charnes et al.，1978）和基于可变规模报酬的 BCC 模型（Banker et al.，1984）。根据目标和约束函数的不同，又可以将 DEA 模型分为产出导向型模型和投入导向型模型，分别代表在给定的投入约束下最大化产出水平和在给定产出目标下最小化投入的求解思路。基本的 DEA 模型已被广泛应用于各行各业的技术效率分析研究中，如金融行业

（朱南等，2004）、工业（张海洋，2005）、政府管理（彭国甫，2005）等方面的绩效评价，在农业领域的研究中也十分常见，如张东平等（2001）、宋增基等（2008）、周宏等（2003）均运用了这一模型。随着DEA模型的不断发展，已衍生出许多更贴合实际、可挖掘更多信息、估计更准确的改进模型。

在估计出技术效率的同时，对影响技术效率因素的分析显得更为有意义，最初估计技术效率并分析影响因素的模型是DEA-Tobit两阶段模型（Coelli，1998）。由于DEA得出的结果处于0与1之间，因此采用Tobit截取模型对其影响因素进行极大似然估计。如戚焦耳等（2015）利用农户调研数据，在对农户生产技术效率估计的基础上建立Tobit模型，将土地流转转入和转出作为影响变量加入模型中，对土地流转对农户生产效率的影响进行了分析。结果发现，土地流转对农户农业生产效率提升有积极的作用，并提出应当鼓励土地的流转。石晶等（2013）对中国棉花主产省技术效率进行了估计，发现全国棉花生产技术效率呈现多阶段发展特点，对影响因素的分析则表明人力资本、财政支持以及规模效应能够促进棉花生产技术效率的提高。涂俊等（2006）对农业创新系统效率进行了评价，发现存在东西部地区效率高、中部地区效率低下的现状，同时要素投入已经出现了过量的情况。

在使用DEA估计效率值时，由于样本量太少或样本之间差距较小的原因，可能会出现较多有效DMU的情况，此时，对效率的分析效果就会减弱。为了处理这种现象，Andersen和Petersen（1993）对DEA模型提出了改进——用超效率DEA（Super Efficiency DEA，SE-DEA）对有效DMU进行区分。文拥军（2009）对山东省17个地级市的农业循环经济的技术效率进行了估算，之后采用超效率DEA对有效DMU的效率进一步测算，并对各地级市相对有效性进行了排序。

由于DEA-Tobit模型并不能充分发掘包含在投入冗余或产出不足中的信息，且存在技术上的缺陷（白雪洁等，2008），因此Fried等（2002）在普通DEA模型的基础上提出了三阶段DEA模型。该模型结合了DEA与SFA的分析思路，在第二阶段利用SFA估计环境因素对投入冗余的影响，在第三阶段排除这些环境干扰后重新估计DEA技术效率，这样就可以得到仅由于 DMU 自身原因造成的技术效率的差别。如刘子飞等（2015）采用三阶段 DEA 方法，剔除了环境和随机因素的影响，进而得到陕西省洋县有机农业和陕南其他县区普通农业由于生产方法差别而造成的生产效率差异，结果表明，有机农业可能比普通农业生产方式更具效率。焦源（2013）在计算农业生产效率时在变量中加入了反应社会效益和环境效益的指标，以从多角度考察农业生产效率，结果表明，山东省农业生产效率受环境因素影响较大，且生产经营方式的真实效率并不高。

　　DEA 模型在经济学含义上的最大缺陷是缺乏估计量分布的推断，得到的效率值是有偏的、不一致的（Kniep et al.，2003；全林等，2005）。因此，Simar 和 Wilson（1998；2000）将 DEA 估计与重复自抽样（Bootstrap）方法相结合，提出了 DEA 的另一种改进方法——Bootstrapped-DEA 方法。该方法通过对 DMU 的反复抽样并计算 DEA 技术效率，来达到获得 DEA 效率统计推断的目的。黄祖辉等（2011）对浙江省农民专业合作社的生产效率进行了分析，结果表明，各农民专业合作社总体发展水平不高，且个体之间相差较多，规模小而分散是生产效率不高的原因。

　　在环境问题日益突出的当今社会，人们对生产过程带来的环境破坏越来越重视，许多学者将环境因素纳入生产效率的考量中。而在技术效率的测量中环境影响与一般产出不同，其优化方向应当是与一般产出相反，这即是最小化优化问题。然而 DEA 模型并不能处理这些问题。同时，在优化过程中，DEA 假定距离函数的锥性和径向性，无法对已经处于生产前沿面上的 DMU 进行进一步的优化（非径向优化），这会给估计结果造成系统性的偏差（胡彪等，2015）。针对这些问题，Tone K（2001；2007）先后提出了非径向和非角度的 SBM（Slacks-Based Measure）模型，以及在此基础上的非期望产出 SBM 模型。SBM 也是对投入产出的数学优化，但与 DEA 不同的是，SBM 将松弛变量加入了目标函数，这样在优化过程中既解决了投入产出松弛的问题，又能够针对非期望产出进行最小化优化。如田伟等（2014）将碳排放作为非合意产出测算了我国农业的碳排放效率，并对影响因素做了分析，结果表明，中国各地区碳排放效率呈现缓慢上升的趋势，并且各地区之间存在较大差异，而无效率的根源主要是农业劳动力的投入。

b. 技术效率分析的参数法

以 SFA 为代表的参数效率估计方法是由 Meeusen 和 Broeck（1977）、Schmidt（1977）、Battese 和 Corra（1977）分别提出的，他们的三篇文章被公认为是 SFA 技术的开端。SFA 分析仍然是建立在生产前沿面思想之上，SFA 有具体的生产函数形式，效率的估计具有经济学基础，并且能够进行统计推断。不同于 DEA 将 DMU 未实现最优生产全部归结于效率的损失，SFA 认为 DMU 达不到生产前沿面是由两部分原因造成的：样本本身的随机正态分布以及管理组织等因素导致的效率损失。SFA 生产函数中的误差项是复合误差项，其中一部分代表了服从正态分布的随机干扰，另一部分是一个非负随机变量，代表了生产的无效率。SFA 技术就是对复合误差项进行分离估计从而得到真实的效率损失（技术效率）。

按照函数形式的不同可以将 SFA 分为两类：基于 C－D 函数的双对数模型以及超越对数模型（Jorgenson，1987）。两类模型相比 C－D 函数结构更加简单，在样本量有限的情况下可以保证估计过程中的自由度。而由于超越对数函数是任何函数的近似二阶泰勒展开，因此，超越对数生产函数形式的模型更具有灵活性，可以在很大程度上避免函数形式设定不准确带来的偏误。同时，超越对数函数形式包含了各投入项之间的交互影响项，允许要素之间的替代弹性可变（陈琼，2014）。在实证分析中，学者们常常根据所研究问题的特点以及样本大小来选取函数形式。

SFA 在农业领域研究中得到了广泛的应用，如田伟等（2010）建立超越对数形式的 SFA 模型对全国主要的棉花产区生产效率进行了测算，结果表明，虽然各地区棉花生产效率存在较大差异，但这种差距存在缩小趋势。陈琼等（2014）在对肉鸡生产者成本最小化行为进行假设的基础上，对我国肉鸡养殖业的成本效率进行了分析，结果表明，我国肉鸡生产整体成本效率不高并且各省份之间差距不大。

（2）全要素生产率的实证分析方法

全要素生产率分析是通过构建生产率指数模型分析全要素生产率变动。目前在实证研究中主要有两种生产率指数模型，即 Malmquist 生产率指数和 Malmquist-Luenberger 指数。通过不同的指数模型计算得出的生产率指数，可以与参数或非参数的技术效率测算方法相结合，进而分解出技术进步和技术效率变化两部分。这里技术效率测算方法与前述一致，因此本部分着重于对两种指数模型的介绍和相关研究梳理。

Malmquist 指数最早是由瑞典经济学家、统计学家 Sten Malmquist 在 1953 年提出的，用于分析不同时期的消费变化。之后 Caves 等（1982）将 Malmquist 指数的思想应用到生产分析中，构造了 Malmquist 生产率指数。然而受限于实证方法的可操作性，Malmquist 生产率指数并没有得到很好的发展。直到 1989 年 Färe 等（1994）将 DEA 方法与 Malmquist 生产率指数相结合才使其成为可以用于实证分析的指数，并被广泛应用。同时，基于 DEA 方法的优越性，Malmquist 生产率指数可以进一步分解为技术进步、技术效率变动和规模效率变动（Färe et al.，1994）。Malmquist 生产率指数模型已成为目前测算全要素生产率的主要模型，并且已衍生出与不同技术效率分析方法相结合的模型，如与 DEA 距离函数相结合的 DEA-Malmquist 生产率指数模型，还有与随机前沿面函数相结合的 SFA-Malmquist 生产率指数模型。已有文献对农业全要素生产率的衡量大多也是采用 Malmquist 生产率指数，如李尽法等（2008）对河南省农业生产全要素生产率进行测算和分解，结果表明河南农业生产效率受到技术效率低下的制约，而在技术效率的分解中，规模效率的效率损失更为显著，因此，针对河南省农业发展，应当因地制宜扩大农业生产规模以提高规模效率，进而推动农业生产效率的进步。全炯振（2009）构建 SFA-Malmquist 生产效率指数对全国各省市农业全要素生产率进行了测算和分解，并在划分东中西区域的基础上进行对比，结果表明，我国农业全要素生产率地区之间差异较为明显，且由于技术进步是主要的推动因素，全要素生产率增长呈现出明显的阶段性和波动性特征。

Malmquist 生产率指数的一个缺点是无法依据能够考量非期望产出的前沿面分析如 SBM 方法计算出全要素生产率。而随着人们对经济全面发展需求的增加，考虑多种方向产出的全要素生产率更能贴合经济发展目标。鉴于此，Chambers 等（1996a），Chambers 等（1996b）在 Luenberger（1992）利润函数的基础上，提出了将方向性距离函数作为全要素生产率测算过程中的 Malmquist-Luenberger 生产率指数。该方法之后被广泛应用于考虑环境因素的全要素生产率测算中。在农业领域，大量考察农业生产对环境带来的负面影响的研究采用了这一方法，如崔晓（2014）采用物料平衡法得到农业生产污染水平，将其加入农业全要素生产率的评价中，并与未考虑环境污染的农业全要素生产率进行对比，结果发现考虑环境因素后全要素生产率的增速变慢，这表明中国农业仍然在走偏向于追求经济效益而忽略环境保护的发展路线。汪慧玲等（2014）在对我国粮食全要素生产率进行核算时将农业面源污染作为非合意产出加入模型，结果发现，按照粮食产量占比划分的高中低三类地区中，高水平地区全要素生产率进步速度最快，而中水平地区最慢。

值得指出的是，本书中所梳理的方法仅仅是目前发展较为成熟和使用较为广泛的几大类方法。技术效率和全要素生产率分析方法仍在快速的发展中，已有研究还从其他角度对以上模型进行了拓展和改进，如针对前沿面技术设定的改进（王兵等，2010；闵锐，2012；李谷成等，2013）。

1.2.6 已有国内外相关研究的特点与评述

通过对文献的梳理，可以将已有研究的特点归纳为以下几点。

第一，对蔬菜生产效率的分析主要从生产效益、区域布局、不同经营组织模式、蔬菜供给保障的数量与质量等方面进行，往往多聚焦于蔬菜产业本身，但是在实际生产中，蔬菜与其他农作物生产以及其他产业之间都存在不可分割的联系，如农业生产资源在蔬菜和其他农作物之间的分配。农业生产效率的变化会引起生产投入要素在农业生产部门和其他生产部门之间流动（董莹等，2015）。因此，关于蔬菜生产效率的完整研究应包含整个社会经济系统和农业产业角度的分析。

第二，从区域布局角度对蔬菜生产效率进行测算的研究主要集中在不同地理区域划分对比、优势产区和非优势产区发展对比以及产区格局的形成等方面。其中，对区划和布局的研究多数依凭单一因素，如地理位置、产量高低、生产历史以及效率高低等。考虑地区之间的相互影响以及综合多因素的地区分类对全国各产区整体收敛或发散趋势进行验证的研究尚属少见。

第三，对蔬菜生产效率影响因素的分析主要从农户自身条件、经济发展水平、政府政策、蔬菜流通环境等方面进行。已有研究根据所研究问题的不同，设立的影响因素各有偏重。但是较少有研究针对蔬菜生产特点对效率影响机制进行梳理。

第四，生产效率分析方法主要有参数法和非参数法，同时也包含对生产过程中非合意产出效率的测算，为之后的研究提供了实证分析基础。然而蔬菜与粮食等大宗农产品生产方式具有较大差别，如露地、冷棚和温室等设施类型在资本投入等方面各有不同，已有研究中根据蔬菜生产特点建立评价框架进行测算的较少。同时，蔬菜生产作为投入密集型的农业产业，其带来的环境污染不容忽视，但已有文献鲜有对蔬菜生产污染的核算和考虑环境约束的生产效率的测算。

1.2.7　本书的研究视角

本书借鉴以往研究成果，对我国蔬菜生产效率进行较为全面的分析。主要从以下几个方面对已有研究进行拓展和延伸：

①充分考虑蔬菜生产特点，从产业对比、分品种对比以及地区差异三个角度构建关于蔬菜生产效率测算评价的完整框架，其中，在进行地区比较时综合多种因素对全国各省蔬菜生产进行分类。

②在对蔬菜生产效率进行评价时，考虑到环境污染，将核算的环境污染指标纳入效率分析模型。

③考虑到蔬菜生产主体和过程的特点，在理论分析的基础上对蔬菜生产效率影响因素进行分析。

④在对各省市蔬菜生产效率进行测算的基础上考虑生产要素和技术的外溢性，考察各地区之间效率的空间相关性，并对蔬菜生产地区的敛散性进行验证。

⑤从社会经济整体视角考察蔬菜生产效率变动对其他部门所产生的经济溢出效应。

1.3　研究内容和技术路线

1.3.1　研究目标与研究内容

本书通过对我国蔬菜生产效率重要性、发展水平和变动特征以及与社会经济之间的相互作用关系进行分析，最终厘清我国蔬菜生产发展规律和特征并为我国蔬菜生产效率改善和生产发展提供建议。具体的研究目标如下：

①通过对我国蔬菜生产发展过程中效率贡献度的测度，明确蔬菜生产效率在蔬菜生产发展中的重要性；

②通过从产业、分品种、分地区视角对蔬菜生产效率进行测算，正确把握我国蔬菜生产效率的真实水平；

③通过从时间和空间两个维度对蔬菜生产效率变动特征的探究，正确把握我国蔬菜生产效率的变化规律；

④通过探讨我国蔬菜生产效率的影响因素以及蔬菜生产效率的经济效应，为蔬菜生产效率的改善提供实践方向并对蔬菜生产效率变动可能产生的经济效应进行预测。

本书以农业经济学、技术经济学、环境经济学等学科理论为指导，综合采用多种研究方法和计量模型对蔬菜生产效率的相关问题进行分析和研究。各部分具体的研究内容如下：

第一部分为蔬菜生产效率重要性评价。在对我国蔬菜生产历史演变和现状进行描述和梳理的基础上，从不同要素投入角度对蔬菜生产的要素生产率变动进行了分析。最后采用因式分解法对土地生产率和劳动力生产率在蔬菜产出增长中的贡献度进行测算，明确蔬菜生产效率在蔬菜生产发展中的重要性。

第二部分为蔬菜生产效率评价。从农业产业角度来看，蔬菜产业作为农业产业中的一个重要部门，与其他农业产业存在资源竞争、技术共享的关系。从蔬菜内部结构来看，蔬菜品种丰富，且各品种之间在种植方式方面存在较大差异。另外，蔬菜种植广泛，不同农业资源条件和社会经济发展水平的地区之间在蔬菜生产方面也可能存在较大差异。为了深入研究我国蔬菜生产效率水平，并据此具体从不同品种和地区的角度讨论蔬菜生产效率提升的可行性，第二部分从产业比较、品种类型和地区差异三个层面构建评价框架对蔬菜生产效率进行了评价和比较研究，同时考虑到蔬菜生产中的环境污染因素，分别从经济有效性和环境有效性两方面进行测算。

具体建模过程中，为了将环境污染因素纳入效率评价模型，采用

SBM-DEA 和基于 SBM 的 Malmquist-Luenberger 生产率指数；为了明确不同品种蔬菜生产的效率水平与资源水平的匹配程度，综合对比各品种资源配置水平，采用经济重心模型进行匹配度检验；为了按资源禀赋和社会经济发展水平将全国各省市划分为不同类型产区，在地区对比部分采用 K-means 方法建立指标体系进行归类。

第三部分从时间和空间维度对我国蔬菜生产效率的变动特征展开分析。从生产效率的分解视角来看，蔬菜生产效率是技术和技术效果共同发挥作用的体现，因而存在时间维度变动趋势。而从空间维度来看，由于技术的溢出效应和基本资源条件的关联性，效率可能存在空间相关性以及整体趋势上地区差异的收敛性。因此，为了明确我国蔬菜生产效率的变动特征，第三部分从时间角度分析了蔬菜生产效率的变动及其分解，从空间角度检验了不同地区蔬菜生产效率的空间相关性和空间收敛性。

在具体建模过程中，考虑到蔬菜生产过程中面源污染的问题以及设施和露地番茄蔬菜生产方式的差异，采用基于 SBM 的 Metafrontier-Malmquist-Luenberger 生产率指数对蔬菜生产 TFP 及其分解项的变动进行分析；为了验证蔬菜生产效率的空间相关性，引入 Moran's I 指数进行验证；在空间相关性检验的基础上，采用空间面板计量模型对收敛、绝对 β 收敛和条件 β 收敛进行了检验。

第四部分探讨蔬菜生产效率与社会经济之间的相互作用关系。蔬菜产业作为社会经济中的一个基础生产部门，其发展与其他部门之间在产品、要素和技术等方面存在紧密的联系，一方面，蔬菜生产效率的提高受到社会经济因素的影响，另一方面，蔬菜生产效率的变动也会对其他部门产生一定的经济冲击，因此需要从蔬菜生产效率受何种因素影响以及蔬菜生产效率的变动将产生何种经济溢出效应两方面来探讨蔬菜生产效率与社会经济之间的相互作用关系。首先，我国蔬菜生产的主体仍为小而分散的农户，蔬菜生产效率主要受到农户自身及农户所处技术和政策环境的影响，因此，本部分将利用微观农户调研数据建立三阶段 Bootsrtrapped-DEA 模型对影响农户蔬菜生产效率的社会经济因素进行分析。其次，由于社会经济部门紧密和错综复杂的关系，为了系统性地分析蔬菜生产效率变动对社会经济的影响，本部分采用基于一般均衡理论的 CGE 模型，利用第二部分和第三部分的研究结果建立冲击方案，模拟蔬菜生产效率变动的社会经济溢出效应。

1.3.2 研究思路与技术路线

本书采用理论与实证相结合的方法，结合蔬菜生产特点构建效率评价框架，从多角度评价我国蔬菜生产效率水平，并对其时空变化特征以及与社会经济的相互关系进行分析。在对已有相关研究成果进行梳理总结的基础上，结合上述研究目的和研究内容，概括我国蔬菜生产效率及其时空效应研究的具体思路如下：

①对蔬菜生产效率及其时空效应的相关理论与文献进行梳理总结，并为后文打下坚实的理论与实证基础。

②在对蔬菜生产发展演变进行总结的基础上，明确蔬菜生产效率在蔬菜生产发展中的重要性。

③在蔬菜生产效率评价部分，从产业、分品种、分地区三个角度构建评价框架对蔬菜生产效率进行多角度评价。

④在蔬菜生产效率特征分析部分，从时间和空间两个维度对蔬菜生产效率的变动特征进行探讨。

⑤在蔬菜生产效率与社会经济关系分析部分，从蔬菜生产效率的影响因素以及蔬菜生产效率变动的经济溢出效应两个方面分别进行实证分析和模拟。

⑥归纳总结主要研究结论，提出促进蔬菜生产效率提高的相关对策建议。

在研究方法上，本书综合采用理论分析与实证分析相结合的方法，以定性分析为基础，定量分析为主要手段。理论分析方法包括文献研读法、理论分析法、归纳法，也是主要的定性分析方法。实证分析包括描述性统计分析法、数量经济分析法，是主要的定量分析方法。具体而言，文献研读法是研究工作的基础，是对已有相关研究成果与研究思路的梳理，为本书的逻辑思路、理论与实证分析提供借鉴；理论分析是根据本书所关注的研究对象以及重点将已有相关理论进行梳理；归纳法主要应用于将个体研究结论向群体的一般性结论推演的过程。描述性统计分析主要是对蔬菜生产效率发展特点相关数据的整理和规律的初步判断；数量经济分析法是本书为实现研究目标而主要采用的分析手段，主要包括因式分解法、基于SBM 的 DEA（数据包络分析）、基于 SBM 的 Malmquist-Luenberger 指数法、Metafrontier-Malmquist-Luenberger 指数法、经济重心模型、Moran's I 指数、空间计量的面板数据模型、三阶段 Bootstrapped-DEA 模型、CGE（可计算一般均衡）模型。

本书整体的分析逻辑如图 1-1 所示。

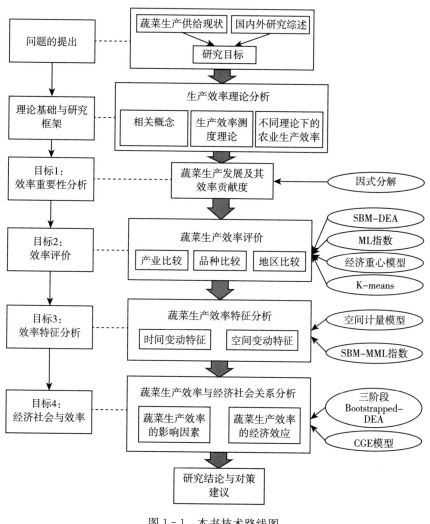

图 1-1 本书技术路线图

1.4 可能的创新

本书在以往相关研究基础上对我国蔬菜生产效率水平进行全面评价,并对蔬菜生产与社会经济因素的相互关系进行了分析,可能的创新点主要体现在以下几个方面:

第一,结合蔬菜生产的特点,构建了分析蔬菜生产效率的研究框架。蔬菜品类众多,种植的地域分布广,因此在研究内容上,进行了不同品种的比较研究、不同地区的比较研究。本书在进行理论分析的基础上,按照"蔬菜生产效率的贡献度分析——从蔬菜与其他作物生产效率比较,蔬菜生产效率的品种比较、地区比较等方面对其生产效率进行多视角评价——从时间和空间两个维度进行蔬菜生产效率多维度特征分析——蔬菜生产效率的影响因素以及蔬菜生产效率的经济效应模拟"的逻辑思路,构建了分析蔬菜生产效率的系统性研究框架。

第二,以理论为依据对蔬菜生产效率进行测算分析,体现了本书在分析方法上的特点。比如,考虑到蔬菜产业是技术、资本和劳动力投入的密集型产业,而理论上,技术、要素等的外溢性以及产业的发展规律使得蔬菜生产效率可能产生一定空间相关性以及收敛效果,这对于未来我国蔬菜产业优势区域的形成和布局具有重要意义,因此,本书运用基于 SBM 的 MML 生产率指数和空间计量模型,以蔬菜生产发展为视角分别从农业产业结构变动和空间布局调整两个维度对蔬菜生产效率进行分析。

第三,考虑资源环境约束的蔬菜生产效率研究。由于资源环境的约束,蔬菜生产的可持续发展受到各界广泛关注,因此,本研究不同于以往测算农业生产效率仅停留在经济性方面,而是在蔬菜生产效率的理论和定量分析中增加了资源环境约束情况下的分析。不仅测算了蔬菜生产的环境效率,而且分析了蔬菜生产效率的变化对农业资源分配的影响。明确这些相关变动对蔬菜产业发展相关政策的制定具有一定的理论支撑作用。

2 蔬菜生产效率的理论分析

提高生产效率是在资源和环境双重约束的情况下蔬菜产业发展的必然出路，本研究主要围绕效率评价、效率变动特征、效率影响因素以及经济效应等方面对我国蔬菜生产效率进行分析。本章将首先从效率的定义出发，明确蔬菜生产效率的内涵与外延并对生产效率的测度理论进行梳理。其次根据所关注的重点问题，对不同理论及其在蔬菜生产效率问题研究中的应用进行整理和阐述。

2.1 相关概念

2.1.1 效率的定义

效率用于描述对资源的使用特征，这一词最早用于工程学和物理学。随着效率的概念从 20 世纪以来广泛应用于经济、商业等领域，其所包含的内容也在单位生产要素投入与产出比例这一基础上不断充实，从而形成了一个内容非常丰富的概念。

从不同作用领域和计算范围来看，效率可以分为三类：生产效率、经济效率和社会效率（胡宇娜，2016）。主要关注生产过程中投入与产出的比例关系的称为生产效率，是社会生产力发展水平的一个重要测量指标，也是效率最基本的概念。资产阶级古典经济学奠基人之一、法国重农学派创始人佛朗斯瓦·魁奈在其代表作《经济表》（1758）中第一次正式提出了生产率的概念，认为应当将社会中的财富转移到生产阶级，将其作为生产资料来提高劳动生产率。现代经济学之父亚当·斯密在其代表作《国富论》（1776）中指出"分工是国民财富增进的源泉"，自此，直到第二次世界大战之前，对生产效率的界定一直是单一要素尤其是劳动的投入产出比。经济效率关注资源的配置效率，体现现有经济资源的利用水平以及满足社会成员物质、文化需要的程度。主要包含两层含义：第一是单位时间内所完成的经济工作的数量和质量；第二是帕累托最优状态，在这一状态下任何帕累托改进都不存在，即不可能使至少一个人的状况变好而又不使其他人的状况变坏。经济效率可以进一步分解为配置效率和技术效率，即将所考察对象同时实现配置效率和技术效率时的状态称为经济效率（Kalirajan、Shand，1994）。社会效率关注的问题不仅局限于局部的、暂时的经济效率，而是从整个国家和社会整体的、长期的发展角度，追求社会全部资源的投入与利用，实现全要素效率。

2.1.2 效率与技术进步

"技术"一词最早由法国学者狄德罗在 18 世纪提出，最早是指生产中所采用的协调方法、手段与规划体系。技术进步的概念可以分为广义和狭义两类，狭义的技术进步是指自然科学技术的进步与发展，分为技术进化和技术变革两种方式，技术进化是指在原有技术或技术体系基础上的改进与创新，技术变革则是新型技术的发明与创造，两种方式均通过改变投入产出关系而带来产出的增长或要素的节省。由此可见，技术进步与效率同样强调经济发展的"质量"，技术进步与效率的提升能够提升产品的市场竞争力。按 Denison（1962）的分解，经济增长主要来自要素投入的增长和要素生产率的提高，其中要素生产率体现在效率水平的高低，其提高来自科技进展、资源配置改善和规模经营等方面。因此相对而言效率所包含的内容更广泛，技术进步最终体现为效率的提升。本研究关注的问题是蔬菜生产过程中对资源利用和配置水平的评价，是对效率所包含的技术进步、人力资本积累、规模经营等多方面因素效果的最终体现。

2.1.3 农业生产中的效率问题

农业生产中产出的增加主要有两个来源：一是要素投入的增加，二是要素生产率的提高。尽管在农业生产发展的过程中，要素投入的增加做出了不可替代的贡献，但随着生产规模的不断扩大，农业生产越来越受到资源有限性的约束。因而对现代农业发展驱动力的研究主要集中在对农业生产中效率问题的探讨。农业生产效率的提高依靠技术进步、制度变革、人力资本积累等多因素的共同作用。按照效率的分类标准，农业生产中的效率问题也可以分为三类：要素生产效率、产业生产效率和全要素生产率。

（1）要素生产效率

要素生产效率即单要素生产率，是农业中某种要素投入与产出之间的比例。由于农业生产中资源的有限性，利用单要素生产率可以直接代表农业生产中利用某种要素投入对产出目标的实现程度。劳动力和土地作为农业生产中最主要的投入要素，劳动生产率和土地生产率是最常使用的单要素生产率指标。此外，随着资源环境问题的突出，农业生产中环境代价被看作生产中的投入要素，由此如化肥生产率、环境成本生产率等被用来表示以环境为代价实现产出目标的效率。单要素生产率指标虽然测算过程简单，能直接反映投入要素的利用效率，但农业生产是多要素共同作用的复杂过程，一种要素生产率往往受其他要素投入的影响，因此难以全面反映农业生产过程的效率水平。

（2）产业生产效率

产业生产效率即产业效率是指在有一定产出的情形下整个产业的潜在投入与实际投入的比例（胡宇娜，2016），或在投入资源一定的情况下整个产业的实际产出与潜在产出的比例。产业效率来源于经济效率，是经济效率在某一产业范围的具体体现。因此，在资源稀缺性的假设前提下，农业生产效率是以农业生产为研究对象，考察农业内部生产参与者行为对农业产出的影响的概念。与经济效率相同，农业生产效率可以进一步分解为农业生产配置效率和农业生产技术效率。农业生产配置效率关注如何以不同的要素投入组合生产一定的产品组合从而实现农业生产主体的利润最大化。农业生产配置效率是由农业生产主体在一定的农业生产技术和投入品、产品价格前提下对生产要素投入结构以及产出结构的决策所决定的。农业生产技术效率关注在已有的技术环境下，农业生产主体是否能够以既定的投入实现最大潜在产出。农业生产技术效率是由农业生产主体对已有技术和资源的运用能力决定的。舒尔茨的《改造传统农业》一书中关于农民家庭农业生产效率的分析仅关注了配置效率。目前我国关于农业生产效率的研究集中在对技术效率的讨论。由于蔬菜产业属于劳动、土地和资本密集型产业，各类投入之间的替代性有限，同时农业要素市场化程度低，导致蔬菜生产成本难以反映自然资源的稀缺性（闵锐，2012），且相关价格信息难以获取，因此，本研究主要关注蔬菜生产的技术效率。

技术效率（Technical Efficiency，TE）是指在既定的投入约束下生产决策单元（Decision Making Unit，DMU）产出最大化的程度，或者在产出目标确定的情况下，投入要素最小化的程度。技术效率反映了 DMU 对生产资源合理配置、技术实施、成本控制等多方面能力的综合情况。

技术效率最早是由 Farrell（1957）提出的，且 Farrell 首次利用生产前沿面来衡量技术效率。他提出在一定的产出目标以及给定的市场价格下，除去实际生产成本，假设 DMU 利用其自身的管理配置能力对生产资料进行自由组合实现成本最小化（理想成本），则技术效率可定义为理想成本和实际成本的比值。该研究不仅首次给予技术效率明确的定义，更为之后的生产效率研究开拓了新思路，是目前生产效率研究的主流思想基础。但是 Farrell 的研究仅从给定产量投入最小化的方面进行，而实际生产中农业生产者面临的问题常常是如何利用有限的资源达到最大的产出，Farrell 的思路显然并不十分符合生产实际。Leibenstein（1966）从给定投入产出最小化的方面对 Farrell 的思路进行了补充。Leeibenstein 将技术效率定义为：在一定的投入约束下，排除实际的产出水平，假设 DMU 在经过对要素配置最优化后可以达到一个最大的产出（理想产出），则技术效率等于实际产出与理想产出之比。Leibenstein 这种从产出角度定义的技术效率被普遍接受，成为研究中应用最多的技术效率。

（3）全要素生产率

全要素生产率的概念来自经济增长，是指产出增长率中减去所有要素投入增长率之后剩余的增长率。也就是说在产出增长过程中，除了要素投入会带来产出增加以外，还有其他因素的变化会提高产出，而这些因素就是全要素生产率。全要素生产率包含效率改善、规模效应、要素质量提高、专业化分工、组织创新和制度变迁等多方面无法用实物衡量的生产投入（许庆，2013）。要素生产效率和产业生产效率均包含一定技术水平的前提假设，而全要素生产率考虑了除投入增长外的全部与产出增长有关的因素，包括技术水平的提升，因此全要素生产率是一种广义的生产效率概念。

　　二战之前，生产效率的表述是单要素生产率（Single Factor Produc-tivity，SFP）（一般指劳动生产率）。而二战之后，与单要素生产率相对应的全要素生产率（Total Factor Productivity，TFP）的概念在宏观经济学增长核算发展的基础上首次被 Timbergen（1942）提出。他将时间的概念引入 C‐D 函数中，并在时间变动的维度上衡量生产效率水平的变动。随后几年内，Stigerler（1947）、Barton 和 Cooper（1948）分别对美国制造业和农业的生产 TFP 进行了测算。然而 Tinbergen 的研究以及后来学者们的测算都仅仅考虑了资本和劳动投入，忽略了经济发展中的其他要素。直到 1954 年 Davis 在《生产率核算》一书中第一次明确定义了全要素生产率的内涵，认为生产投入不应当仅包含劳动和资本，还应当包含原材料、能源等。Solow（1957）在宏观经济增长领域提出了著名的索洛模型（Solow Model），该模型在前人研究的基础上又对生产函数假设了规模报酬不变的性质，最终发现经济增长的源泉在于除要素投入增长以外的其他因素变化，即索洛余值（Solow Residual）。而索洛余值所代表的就是 TFP。然而索洛模型侧重于经济增长核算，将索洛余值仅仅解释为技术进步，并没有针对 TFP 做出太多说明。Denison（1962）则在索洛模型的基础上衍生出了新的模型，并且最终将模型中的增长率余值定义为 TFP。

　　农业生产资源的有限性和稀缺性决定了农业产出的增长不能依赖要素投入的增长，而只能依赖要素投入以外的因素即全要素生产率的提高。因此从 TFP 角度对农业生产效率进行分析能够对整个农业生产发展的驱动因素以及发展潜力进行探讨。

2.2　农业生产效率测度的理论依据

2.2.1　前沿生产函数（Frontier Production Function）

　　前沿生产函数最初被 Farrell（1957）运用于测算技术效率。Farrell 在其著名的《生产效率的测度》一书中利用前沿生产函数对技术效率进行了准确的定义与实证测度，建立了测算技术效率完整的前沿面方法体系。在 Farrell 建立的方法体系之上衍生出多种效率度量的方法，前沿面思想成为目前效率测度的主要思路。

　　前沿生产函数是相对于平均生产函数的一个概念。平均生产函数即经济学中传统的生产函数，是使用样本的投入与实际产出对生产函数进行估计，因而反映了投入与产出平均值之间的关系。而前沿生产函数描述一定投入与最大产出之间的关系。在单一投入产出的生产关系中，前沿生产函数和平均生产函数如图 2-1 所示，平均生产函数所代表的技术由 OA 表示，前沿生产函数所代表的技术由 OB 表示。对于平均生产函数，样本实际的投入产出点可能高于或者低于平均生产函数线；对于前沿生产函数，实际的投入产出点一定低于前沿生产函数线或在前沿生产函数线上，因此代表最优状态的技术关系。同时，前沿生产函数线是平均生产函数线向上移动的结果。由于前沿生产函数处于所有样本点之上的特点，能够成为不同样本点效率测算的参照，因而前沿生产函数在效率测度方面具有十分重要的应用价值。

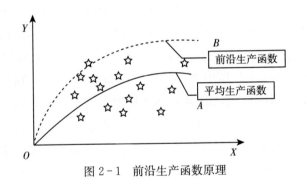

图 2-1　前沿生产函数原理

2.2.2　技术效率的测度

　　根据两种不同角度定义的技术效率，对技术效率的测度也可以从两个角度开展。

　　（1）投入导向型技术效率

　　对投入导向型技术效率测度是从等产量曲线的概念出发的。假定两种投入一种产出的生产过程，即生产者利用 X_1 和 X_2 两种生产要素生产产品 Y，则对应的前沿生产函数 $Y=f(X_1，X_2)$ 投射到两种投入要素组成的二维坐标系中成为某一条等产量线，如图 2-2 所示，SS' 为前沿生产函数所对应的等产量线，AA' 为等成本线，与 SS' 相切于 Q'。P、Q、Q' 分别代表三个实际生产点，其中 Q 和 Q' 均处于等产量线 SS' 上，即为技术有效率点，其技术效率均为 1。而 P 为生产非有效率点。对于处于 P 生产点的 DMU，QP 段代表了技术无效率的部分，技术效率可以表示为 $TE=OQ/OP$。QP/OP 代表了相对于技术有效率的最优生产状态，P 点的要素投入能够缩减的比例。值得注意的是，虽然 Q 与 Q' 均代表了技术效率有效的 DMU，但由于 Q 点所代表的 DMU 并未实现成本最小化，因此达到经济效率的点为 Q'。以 P 点为例，图中 RP 表示经济无效率，因此 P 点所代表的 DMU 的经济效率可以表示为 $EE=OR/OP$。经济效率中不能由技术效率解释的部分被定义为配置效率，因此 P 点所代表的 DMU 配置无效率的部分为 RQ，可以得到配置效率 $AE=OR/OQ$。因此经济效率、技术效率和配置效率三者的关系可以表示为 $EE=TE\times AE$。

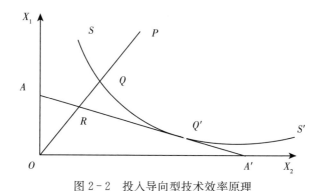

图 2-2 投入导向型技术效率原理

（2）产出导向型技术效率

产出导向型技术效率的测度则是从与投入导向型技术效率测度相反的角度开展。假定两种产出的生产过程，DMU 利用一定的投入生产产出 Y_1 和 Y_2，如图 2-3 所示。ZZ' 代表在一定投入水平下可以产出的所有产出组合，可以称为"等投入线"。DD' 代表在一定的产品价格下的等收益线。ZZ' 和 DD' 相切于 B' 点。A，B，B' 分别代表三个实际生产点，其中 B 和 B' 均处于 ZZ' 上，即为技术有效点，$TE=1$。A 点代表了生产非技术有效的 DMU，AB 代表其技术无效的部分，技术效率可以表示为 $TE=OA/OB$。AB/OB 表示相对于技术有效的最优生产状态，A 点的产出所能扩大的比例。与投入导向型技术效率的情况相似，虽然 B 与 B' 均代表了技术效率有效 DMU，但若考虑收益最大化，则 B' 比 B 点更有效，即 B' 点达到经济效率状态。以 A 点为例，图中 AC 表示 A 点经济无效率的部分，因此 A 点所代表 DMU 的经济效率可以表示为 $EE=OA/OC$。经济效率中不能由技术效率解释的部分即 BC 代表配置无效率部分，可以得到配置效率 $AE=OB/OC$。因此经济效率、技术效率和配置效率三者的关系在产出导向型技术效率的测度中保持一致。

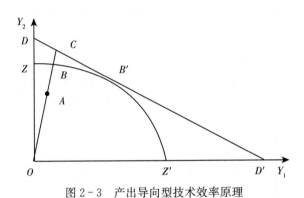

图 2-3　产出导向型技术效率原理

2.2.3　全要素生产率的测度

自其概念提出以来，TFP 的测度一直是学界关于经济增长来源探讨的主要问题之一。经过不断的变革和演化，出现了多种 TFP 的测度方法。根据对生产函数设定的不同，对 TFP 的测度方法主要分为两类，一类以平均生产函数为基础，另一类则是在前沿生产函数基础上建立起的测度模型。

以平均生产函数为基础的测度方法假设所有生产都是完全有效的，并且首先要对生产函数形式进行设定。以最常用的 Cobb-Douglas 生产函数（C-D 生产函数）为例，假设包含两种投入一种产出的生产函数如下：

$$Y_t=A_tL_t^\alpha K_t^\beta \tag{2-1}$$

其中 Y_t 代表 t 时期的产出，L_t 和 K_t 分别代表了 t 时期劳动和资本的投入。A_t 代表 t 时期的技术系数，即 TFP。在 C-D 生产函数中，要素的边际替代率不变，因此 A_t 为希克斯中性的技术进步。对式（2-1）两边取对数可以得到：

$$\ln Y_t = \alpha \ln L_t + \beta \ln K_t + \ln A_t \qquad (2-2)$$

再求导，经过整理可以得到：

$$\mathrm{d}(TFP)/TFP = \mathrm{d}A_t/A_t = \mathrm{d}Y_t/Y_t - \alpha \cdot \mathrm{d}L_t/L_t - \beta \cdot \mathrm{d}K_t/K_t$$

$$(2-3)$$

由式（2-3）可知，TFP 的变化率等于产出的变化率减去投入要素的变化率。在实际分析中，通常将式（2-2）中的 $\ln A_t$ 作为残差项，对式（2-2）进行估计得到 α 和 β 的估计值，从而获得全要素生产率的估计值。当生产函数满足规模报酬不变的假设时，即 $\alpha + \beta = 1$ 时，这种测算 TFP 的方法即为索洛残差法或生产函数法，$\ln A_t$ 又被称作索洛余值。索洛残差法开创了经济增长源泉分析的先河，为之后 TFP 测算模型奠定了基础，是新古典增长理论的一个重要贡献。然而由于新古典假设的约束条件太强，索洛残差法的估计往往存在较大偏误，因此在索洛残差法的思想之上，又衍生出许多计量方法，如参数法和半参数法。这些方法主要是对生产函数估计中的残差项进行分拆，解决由于遗漏投入要素产生的内生性等问题，从而对索洛残差法进行改良。

以前沿生产函数为基础的测度方法是利用生产前沿面的概念，考虑生产前沿面多期动态变动，测算 TFP 增长率并将其分解为技术进步和技术效率的改善，具体如图 2-4 所示。对于单投入单产出的生产过程，OF_1 和 OF_2 分别代表第 1 期和第 2 期的前沿生产函数。对于某一 DMU，第 1 期投入为 X_1，产出为 Y_1，在图中用 A 点表示；第 2 期投入为 X_2，产出为 Y_2，在图中用 B 点表示。两个时期中 X_1 和 X_2 投入所能得到的最大产出分别为 $Y_1{'}$ 和 $Y_2{'}$，由 A' 和 B' 代表。C 点代表在第 1 期利用 X_2 投入得到最大产出 Y_3 的点。因此对于 DMU 两个时期总产出的实际变化是由 A 点到 B 点的变化，即为 $(Y_2 - Y_1)$。由于投入增加带来的产出变化可以表示为 $(Y_3 - Y_1{'})$。则由 TFP 的定义可以得到 $TFP = (Y_2 - Y_1) - (Y_3 - Y_1{'})$。以前沿生产函数为基础的测度方法将 TFP 的变动分解为技术进步和技术效率的改善。前沿生产函数的生产前沿面代表了当期的最优生产技术，因此技术进步表现为生产前沿面的跨期变动，如图 2-4 所示，技术进步是生产前沿面由 OF_1 向 OF_2 扩张的动态变化，因此由技术进步带来的产出变化可以表示为 $(Y_2{'} - Y_3)$。技术效率是由实际生产点与最优生产前沿之

间的差距决定的，第 1 期和第 2 期 DMU 的技术效率的损失分别表示为
$(Y_1' - Y_1)$，$(Y_2' - Y_2)$，两个时期由于技术效率变化引起的产出变化为
$(Y_1' - Y_1) - (Y_2' - Y_2)$。

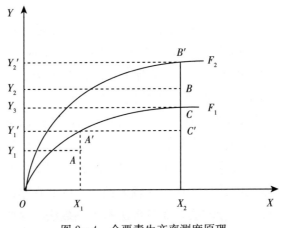

图 2-4　全要素生产率测度原理

2.3　不同理论下的农业生产效率

2.3.1　经济增长理论与农业生产效率

经济增长理论中对于生产效率问题的探究可以追溯到古典经济增长理论对技术进步的讨论。古典经济增长理论建立在劳动价值论的基础上，以亚当·斯密为代表，他认为劳动的增长是国民财富增长的主要来源，劳动的增长包括劳动量的增加和劳动生产率的提高。然而古典经济增长理论是从静态的角度分析增长问题，且并未对经济增长和影响因素之间的数量关系进行探究。哈罗德-多马模型的提出开创了现代经济增长分析的先河。哈罗德、多马第一次从微观生产函数的角度构建了总量生产函数考察和测度经济增长问题，并且从提高劳动生产效率的角度将技术进步纳入经济增长模型。这一模型认为经济增长是不稳定的，并且强调资本对经济增长的贡献。然而该模型假定资本和劳动的不可替代性，以索洛为代表的新古典经济增长理论弥补了这一缺陷，认为经济的持续增长主要来源于有形生产要素投入的增长和全要素生产率的提高，并将全要素生产率解释为技术进

步。自此，全要素生产率成为用来衡量广义技术进步在生产中作用的指标。新古典经济增长理论虽然强调技术进步对经济增长的贡献，并为之后经济增长的分析奠定了基础，但将技术进步看作是外生的，并未对技术进步的来源做过多解释。为了探讨技术进步的根本原因，以 Romer（1990）、Lucas（1999）、Barro（1990）、Rebelo（1991）、Grossman 和 Helpman（1991）等经济学家为代表的内生增长理论从研究与开发、知识外溢、干中学、人力资本投资、分工与专业化等视角尝试将技术进步内生化。可见，随着经济增长理论的发展，技术进步逐渐被重视，从早期的增长理论并没有明确技术进步在经济增长中的作用，到哈罗德-多马模型开始逐渐注意技术进步的贡献，再到新古典经济增长理论提出了广义的技术进步即全要素生产率的概念，再到内生经济增长理论全要素生产率成为经济增长分析的重点。

除了对全要素生产率增长来源的分析外，随着技术效率概念的提出，近代效率测度理论开始尝试对全要素生产率进行分解。Nishimizu 和 Page（1982）在索洛经济增长理论的基础上，将全要素生产率分解为生产边界的扩张即狭义技术进步和实际产出相对于最优产出的移动（技术进步），这一思想在目前关于全要素生产率的分析中被广泛应用。

根据新古典经济学理论，农业产出的增长来自两方面，即生产要素投入的增加和农业 TFP 的增长。由于资源的有限性和稀缺性，农业生产的发展不能依赖要素投入的扩张，可持续的发展只能依赖农业 TFP 的不断提高。农业 TFP 提高的来源又可分解为技术进步和技术效率的提高。在农业经济理论中这两者分别代表了农业生产中的"改革论"和"改良论"。"改革论"由技术进步所代表，是农业生产中新技术的发明或新技术的引进。舒尔茨（1964）提出改造传统农业的关键是要引进新的现代农业生产要素，把人力资本作为农业经济增长的主要源泉，主要目的是用技术进步提高农业生产效率。技术进步也是现代农业生产中带来 TFP 和产出长期增长的重要源泉。技术效率的提高代表"改良论"（李谷成，2010），即通过改善农业经济发展制度、颁布适合农业经济发展的激励政策、建设完善农业技术推广服务体系等提高已有技术的利用水平。在短期技术进步有限的情况下，农业技术效率水平的提高是 TFP 和产出增长的主要来源。因此，对农业产出增长的分析不仅要关注 TFP 整体的提高，更要关注 TFP 的增长方式，新技术的发挥需要相应的制度环境相配合才能实现农业产出的持续增长。

2.3.2 空间经济学理论、技术溢出效应与农业生产效率收敛

空间效应最早源自 Tobler（1970）提出的地理学第一定律，该定律认为地理事物在空间分布上是相互关联的，并且距离越近这种关联度越高。20 世纪 70 年代发展起来的空间计量经济学明确将空间效应加入了计量经济模型中。根据 Anselin（1988）的定义，空间计量经济学是在计量经济学模型中考虑经济变量空间效应的计量经济学模型方法。根据相关性方向的不同，空间效应分为空间相关性和空间异质性。虽然空间计量经济学为空间效应的确定、模型的估计和检验提供了实证分析的方法和工具，但空间效应分析成为经济学分析的主流得益于空间经济学（新经济地理学）的形成和发展。Krugman（1991）提出中心-外围模型对产业空间分布的深层原因进行了剖析，奠定了空间经济学的理论基础。在 Krugman 研究的基础上，空间经济学理论迅速发展，形成了要素流动模型、垂直关联模型和增长关联模型三类主要理论模型。要素流动模型在理性预期的基础上假设劳动力、资本、企业家等生产要素向实际或预期收益较高的区域流动，产业聚集或分散取决于区域要素生产边际报酬递增或递减。垂直关联模型假设劳动力、资本和企业家等生产要素在上下游产业范围内向实际或预期收益较高的产业环节流动，上下游产业之间的聚集或分散取决于要素生产边际报酬。增长关联模型假设代表技术水平的知识资本存在跨区域溢出的性质，技术溢出效应对产业空间聚集的形成起到分散的作用。

空间经济学理论中产业分布结构分为两类，一类是代表产业聚集的中心-外围结构，另一类是代表产业分散的对称结构。区域之间技术溢出和要素流动决定了产业集聚力的大小，从而影响了产业分布的稳定结构。当要素生产边际报酬递减时，要素向高收益地区的集中受到限制，最终在区域中的分布稳定于分散状态，因而产业更偏向于对称结构。当技术在地区之间存在溢出效应时，产业分布也更偏向于对称结构。产业的对称结构能够使不同地区趋于获得同样的要素和技术禀赋，从而为生产效率的收敛提

供基础。

技术溢出是一种普遍存在的经济现象，其对生产效率的影响在经济增长分析中得到了论述。MacDougall（1960）于20世纪60年代初在分析外商直接投资的福利效应时，着重关注了伴随投资所产生的技术溢出效应，提出了技术溢出理论，开创了技术溢出效应研究的先河。Arrow（1962）用经济外部性解释了技术溢出效应对经济增长的效应，指出R&D研发投资可从两方面促进生产效率的提高，即一方面进行研发的企业通过生产技术和经验的积累提高生产效率，另一方面其他企业也可以通过模仿学习提高自身生产效率。Romer（1986）延续了Arrow的分析思路，通过构建知识溢出模型分析技术溢出效应的作用，认为不同于普通生产要素，由于知识技术具有溢出效应，任何企业的研发投资最终都能够提高全社会的生产效率。

农业生产技术具有不完全专有性，农业技术的溢出性来自农业生产技术应用的非竞争和部分排他属性（肖小勇，2014），因此会在农业产业布局中产生分散力，使农业产业更倾向于对称结构，进而可能形成收敛趋势。从农业生产的基本单位——农户角度来看，由于不同地区农业研发投资不同，且不同资源禀赋的农户习得新技术的能力不同，造成农户之间存在新技术获取先后的差距。先获得技术的农户即技术先行者拥有更高的生产效率，而技术的溢出效应使得其他农户能够通过不断地模仿学习获得技术进而提高生产效率。后习得技术的农户利用技术溢出效应获得"后发优势"，对技术先行者不断赶超，长期来看生产效率趋向收敛，农业整体生产效率得到提高。

2.3.3 环境经济学理论与农业生产效率

环境经济学将传统经济学的研究对象社会经济再生产过程和自然环境科学的研究对象自然环境再生产过程结合作为研究对象，关注环境与经济的协调关系。环境价值论是环境经济学的核心内容，环境价值论最早是由Krutilla（1967）率先提出的，他认为环境的价值来自资源环境的唯一性、真实性、认识不确定性和不可逆性，并且这一价值是由使用价值、选择价值和存在价值三个部分组成。其中使用价值是指当前人类直接或间接利用环境而获得效用满足的价值；选择价值是指后代能够直接或间接利用环境获得效用满足的价值；存在价值是人类为保持环境存在而表现出的支付意愿。环境价值论是环境经济学中对环境价值评价的理论基础和支撑。在确认环境价值的基础上，环境经济学研究的一个重点是环境价值的体现和分配机制的形成。由于环境具有非竞争性和非排他性的公共产品性质，许多环境问题的根本成因是市场失灵造成的外部性，即市场不能正确估计资源环境的价值并形成完善的分配，从而导致了资源环境的过度利用和消耗，形成了诸如"公地的悲剧"的典型经济学问题。由于难以依靠市场机制实现环境利用的帕累托最优，因此，环境经济学认为保持环境的合理利用需要政府部门的干预。

农业生产作为自然再生产与经济再生产相结合的过程，其发展与自然环境紧密结合。一方面，农业生产依赖于自然环境，作物从环境中获得二氧化碳、水和矿物质而促进自身的生长。另一方面，农业生产过程也会对自然环境造成影响。这种影响首先是作物生长自身的影响，即作物生长过程中对自然环境中碳和水循环的改变，这与生物的自然生长过程有关。另外，随着农业技术的发展，人类在农业生产中对自然环境的影响也越来越大，复种指数的增加、化肥农药等化学品的使用都会对环境造成较大的影响。农业生产的面源污染问题已成为未来农业可持续发展的重要挑战。由于农业生产对自然环境的依赖性，这些负面影响会反作用于农业生产过程，进而造成提升农业生产效率的瓶颈。因此，在对农业生产效率的评价中，需要将自然环境价值及其外部性作为重要的考量因素，从而才能从可持续发展的角度得出准确的结论。

2.3.4 一般均衡理论与农业生产效率的经济效应

一般均衡理论的思想起源于亚当·斯密提出的"看不见的手"的概念。在这一概念中，经济中的个体分别进行最优决策，而这些分散的决策在灵活可变的价格体系的调节下最终能够达到社会资源的最优配置。这一概念为一般均衡理论的形成奠定了基础，也是一般均衡理论关于市场最重要的假设。1989 年瓦尔拉斯在其《纯粹经济学要义》一书中利用一组方程式将一般均衡理论的思想表达出来，被认为是一般均衡理论发展的起点。在瓦尔拉斯提出的"瓦尔拉斯均衡"中，他认为在完全竞争的市场中，经济中的理性行为人都受到严格的预算约束和市场约束，在这一约束下，消费者和生产者分别根据效用最大化和利润最大化的目标进行决策，而在市场价格的充分调整下，整个市场上的所有商品达到出清的状态，整个经济体系处于均衡状态。自此以后，通过众多学者，如希克斯、诺伊曼、阿罗和德布鲁等纷纷从一般均衡解的存在性、唯一性、最优化和稳定性等方面加强了一般均衡理论的经济学基础并逐渐完善了瓦尔拉斯的一般均衡理论。一般均衡理论的概念主要包含两个方面，一是均衡，二是一般。均衡是指系统由于达到最优状态而不再变动的情况。而一般的概念是与局部的概念相对应的，局部是指由于仅关心社会经济中某一部分的变动，而将这部分与其他社会经济部门隔离，相互不发生联系的情况，一般则是指考虑社会经济中的全部部门的运行情况及其相互影响的变动关系。一般均衡理论强调的是整个社会经济的系统性、联动性和均衡的稳定性，即一个环节的变化将会通过各个部门之间的联动关系引发一系列的经济变化，但在价格体系的调整下最终整个经济系统仍会恢复市场出清的均衡状态。

农业生产并非封闭的系统，生产过程不仅受到各种外部因素的影响，根据一般均衡理论，农业生产的变动也会对其他经济部门产生影响。农业生产部门作为整个社会经济中的基础生产部门，其变动更是会产生牵一发而动全身的效果。我国作为农业大国，农业部门中容纳了大量的劳动力、土地、资本等基本生产要素，农产品更是为拥有庞大人口的经济体运行提供了基础保障。农业生产效率的改变涉及农业生产过程中生产要素投入量、投入结构以及产品的产出量、产出成本等各方面的变化，因此，对农业生产效率的经济效应的考察需要从社会经济整体的视角出发，考虑到农业部门的地位及其与其他部门之间的关联从而进行系统性的分析。蔬菜产业作为农业中的重要部门，吸纳了大量的生产要素，为社会经济运行提供初级农产品，其生产效率的变动对农业其他部门乃至整个社会经济会产生一定的联动效应。

2.4 关于蔬菜生产效率的研究框架

为清晰系统地展现本书对我国蔬菜生产效率及其时空效应的研究思

路，下文将在以上对相关概念界定和理论进行梳理的基础上，将主要研究内容分为蔬菜生产发展中效率的重要性分析、蔬菜生产效率的测算评价、蔬菜生产效率的特征分析、蔬菜生产效率的影响因素分析及蔬菜生产效率对经济社会产生的作用效果等五部分，本书的研究思路如图 2-5 所示。

根据图 2-5，本书主要框架的 5 个部分、8 个主要章节内容如下：

①第一部分是第 3 章的内容。首先从蔬菜生产的规模、品种结构等方面对蔬菜生产发展的历史和现状进行了梳理，并在此基础上，从主要蔬菜品种的结构变化角度对蔬菜产量的增长进行分解，测算产出增长中土地和劳动生产率的贡献率，以明确蔬菜生产效率对蔬菜产量的重要性。

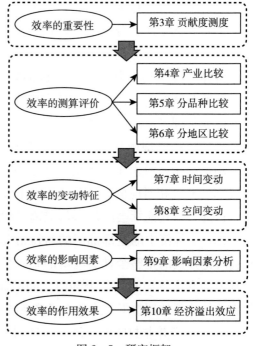

图 2-5 研究框架

②在第一部分明确效率重要性的基础上，第二部分主要对蔬菜生产效率进行评价。考虑到蔬菜生产分布范围广泛和品种丰富的特征及其与其他农作物之间共享技术和资源的关系，本书第 4 章、第 5 章和第 6 章分别从产业对比、品种对比和地区对比三个层面构建评价框架对我国蔬菜生产效率水平进行测算评价。具体来说，第 4 章从单要素生产率、技术效率和全要素生产率三个角度对蔬菜和粮食、经济类作物的生产效率水平进行了对比分析；第 5 章从不同蔬菜品种的角度、将环境污染纳入效率评价框架，对露地果类、设施果类、叶菜类和根茎类等四类主要蔬菜类别生产的经济技术效率和环境技术效率进行了对比分析；由于各地区在社会经济和资源禀赋条件等方面的差距造成地区蔬菜生产目标和策略的差异，因此，第 6 章在构建指标体系将各地区分为不同类型的基础上，从区域差异角度对蔬

菜生产效率进行了对比分析。

③第三部分从时间和空间两个维度对蔬菜生产效率的变动特征进行了分析。第7章从时间维度对蔬菜生产经济技术效率和环境技术效率的变动趋势以及其分解项进行分析，同时考虑到设施和露地两种生产方式的差别，对两种生产方式下的效率变动及分解进行了对比，以明确蔬菜生产效率随时间推移的变动特征。第8章从动态角度对蔬菜生产效率的地区差异分布变动进行分析。具体来说分为两部分，首先从空间相关性角度分析地区效率变动的联动性，其次从收敛角度分析地区效率发展的趋同效应。

④蔬菜生产作为农业生产，其过程受到外部因素的影响较大，在我国，农户是主要的蔬菜生产主体，因此第四部分即第9章主要从微观农户视角，在对农户生产效率影响机制进行分析的基础上，从农户特征、技术因素、政府扶持和自然因素等四个方面选取变量，分析影响因素对蔬菜生产效率产生的作用，探讨效率的提高路径。

⑤第五部分主要是对蔬菜生产效率的经济效应进行分析。蔬菜生产作为社会经济的有机组成部分，除受外部因素的影响以外，其变动也会对整个社会经济产生影响。蔬菜产业作为基础农业生产部门与农产品消费、要素市场以及其他以农产品为原料的工业生产部门关系密切，因此，第10章对蔬菜生产效率变动对宏观经济、农业部门以及各地区产出三个方面的经济溢出效应进行了研究分析。

2.5 本章小结

本章首先从要素生产效率、产业生产效率和全要素生产率三个层面对农业生产效率的内涵进行了系统性界定，同时明确了本书所关注的效率问题与技术进步之间的差异与联系；随后梳理了以前沿生产函数为基础的农业生产效率测度理论，并具体从技术效率和全要素生产率的角度整理了农业生产效率测度的原理和理论依据；根据本书的研究重点，从经济增长理论、空间经济学理论、技术溢出效应、环境经济学理论以及一般均衡理论方面着重分析了农业生产效率发展的时间和空间特征、经济溢出效应以及农业生产效率评价中的环境问题，为后续研究的展开奠定了理论基础；最后从所研究的问题出发，基于要解决的 5 个问题，即蔬菜生产效率的重要性、蔬菜生产效率的评价、蔬菜生产效率的变动特征、蔬菜生产效率的影响因素以及蔬菜生产效率的作用效果，梳理了全书整体的研究思路，为下文的研究确立了明确的框架。

3 我国蔬菜生产发展及效率贡献度

前述理论分析为进行我国蔬菜生产效率及其时空效应的测算分析奠定了理论基础。而在对蔬菜生产效率进行评价和比较之前，首先需要对蔬菜生产的历史演变和现状进行全面的了解，同时从效率在蔬菜生产发展中的贡献率角度明确本书关注效率问题的必要性。因此，本章将在理论分析的基础上对蔬菜生产的历史演变以及效率的重要性进行分析。蔬菜在我国是仅次于粮食作物的基础性作物，是人们日常生活中必不可少的纤维素及微量元素来源食品。在农业生产中，蔬菜作为经济作物的一种，是农民收入的重要来源。新中国成立以来，随着我国居民生活水平的提高以及健康知识的普及，人们的食品消费结构也有较大改变。这一方面表现为在食品总消费中主粮消费的减少和蔬菜、肉、蛋、奶等食品消费比例的增加；另一方面，在蔬菜产品内部，人们的消费偏好也有所改变，在蔬菜物流的不断发展的促进下，居民的消费偏好从耐储运的蔬菜品种逐渐转向鲜食蔬菜。在居民消费结构改变的带动下，我国蔬菜生产规模和品种结构也经历了一系列转变。另外，蔬菜产量的增长来自要素投入增长和效率提升两方面，但效率在其中所产生作用的大小尚不明确。因此，本章将在对蔬菜生产和其效率发展演变和现状进行整理的基础上，在因式分解的框架下对蔬菜产量增长进行分解，分析效率提升在蔬菜产量增长中的重要性。

3.1 蔬菜生产历史演变和现状

作为主要的食品供给部门和农民收入的主要来源，蔬菜产业具有重要地位。蔬菜生产效率的发展最终体现在蔬菜产量的增长上，因此本节首先对我国蔬菜生产发展的历史演变和现状进行梳理、总结。本部分将主要从蔬菜产量和播种面积的历史变化、新中国成立以来我国蔬菜生产的发展阶段以及目前我国蔬菜的主要品种三个角度展开介绍，以期对蔬菜生产效率发展的产业背景有较为全面的掌握。

3.1.1 蔬菜产量、播种面积的变化

蔬菜作为基础性作物，始终是农业生产重要的组成部分。从消费角度来看，随着居民人均收入水平的不断增长，人们更加注重饮食的营养均衡。在当今精细粮成为粮食消费的主要部分和肉、蛋、奶等消费不断增长的饮食结构中，蔬菜成为人们日常饮食中必不可少的纤维素和微量元素的来源。从生产角度来看，在我国人均耕地面积十分有限的农业生产条件下，粮食等作物的生产为农户带来的收入十分微薄，而蔬菜具有附加价值高的特点，因此在有限的耕地上，蔬菜生产的收入比较优势较为显著。在消费和生产两方面的带动下，改革开放以来我国蔬菜生产规模有了较大的增长。

图 3-1 展示了 1978—2015 年我国各类主要农作物播种面积占比及蔬菜播种面积的绝对值变化趋势。由图 3-1 可知，改革开放初期粮食和油料作物是我国主要生产的农作物品种，粮食播种面积占比 80％左右，油料作物占 5％左右，而此时蔬菜播种面积约为 3 300 千公顷，仅占农作物总播种面积的 2％左右，是油料作物的一半。从 1978 年到 2015 年农作物播种面积构成比例的变化趋势可以看出，粮食作物的播种面积占比呈不断下降的趋势，到 2015 年播种面积占比 68.13％，油料作物播种面积比例呈现先增后减的趋势，2003 年前后达到了最高值，为 9.83％，2015 年则稳定在 8.5％左右。而蔬菜播种面积占比呈现迅速增长的趋势，到 2015年其占比为 13.22％，蔬菜成为除粮食作物外播种面积最大的作物。从播种面积的绝对值变化来看，从 1978 年到 2015 年，全国农作物总播种面积仅增长了 10.84％，而同时期蔬菜播种面积增长至 22 000 千公顷，增长率达到了 560.46％。

蔬菜产量变化如图 3-2 所示，蔬菜总产量变动特点与播种面积基本一致，即呈现迅速增长的趋势，1990 年我国蔬菜总产量为 19 518.9 万吨，到 2015 年全国蔬菜总产量达到 78 526.1 万吨，增长率达到 302.31％。从人均蔬菜产量来看，2003 年我国人均蔬菜产量为 419.38 千克，而到 2012

年达到 524.79 千克，增长率为 25.13%，而同时期蔬菜总产量增长率为 31.19%，高于人均蔬菜产量增长率。

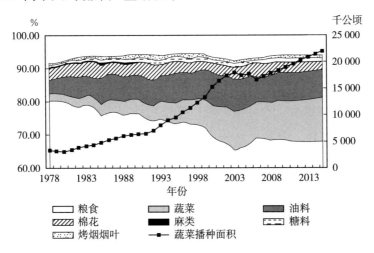

图 3-1　我国主要农作物播种面积占比及蔬菜播种面积变化

数据来源：相应年份《中国统计年鉴》。

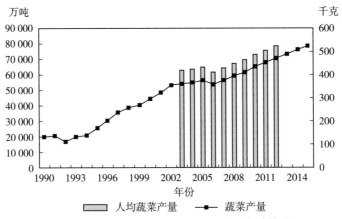

图 3-2　全国蔬菜总产量及人均产量变动情况

数据来源：相应年份《中国农村统计年鉴》、国家统计局。

3.1.2　我国蔬菜生产发展阶段

自 1988 年我国开始推行"菜篮子工程""菜篮子市长负责制"以来，我国蔬菜产业迅速发展。到 20 世纪 90 年代，随着新一轮农业产业结构的调整、人民生活水平的进一步提高,各地蔬菜产业纷纷被确立为农村发展的支柱产业和特色产业,在这一背景下,我国蔬菜产业加速发展。整体来看,按照我国农业生产政策和经济发展的不同阶段,新中国成立以来我国蔬菜生产的发展可以划分为如下三个阶段。

(1) 蔬菜生产缓慢发展阶段

这一阶段是从 1949 年新中国成立后到 1978 年改革开放以前。这一阶段我国实行计划经济,农业生产也严格按照计划管理,致使蔬菜生产的规模、产量十分有限。在蔬菜销售方面实行"统购包销"政策,也限制了蔬菜种植的品种,同时在储运条件十分有限的情况下,国营蔬菜公司统一负责生产销售,蔬菜品种以青椒、白菜、萝卜、马铃薯等比较耐储运的品种为主。而 1958 年提出的"农业以粮为纲"的方针,使许多城市郊区的菜田退让为粮田,蔬菜种植规模进一步压缩,造成蔬菜供给严重不足。

(2) 蔬菜生产逐渐发展阶段

这一阶段是从 1978 年改革开放后到 20 世纪 90 年代初。随着 1978 年十一届三中全会将全党工作重心转移到以经济建设为中心以及家庭联产承包责任制的确立,农业生产管理安排从指令性计划转变为指导性计划。同时,在农产品市场逐渐开放的政策转变下,农产品定价逐步由国家定价改变为买卖双方议价交易。在收益比较优势突出和生产、市场自由化的刺激下,蔬菜种植农户的生产积极性得以调动,蔬菜种植的品种、面积逐渐增多。蔬菜产量的增长和市场的开放使蔬菜供给严重不足的问题得以缓解。1988 年以来实行的"菜篮子工程"和"菜篮子市场负责制"政策推动了商品菜生产基地的建设,更促使蔬菜规模和产量大幅提升、品种大量丰富。同时,交通运输条件的改善也促进了异地蔬菜的流通,刺激了远离大城市消费中心地区的蔬菜生产。

(3) 蔬菜生产迅速扩张阶段

20 世纪 90 年代初开始进入这一阶段。1992 年党的十四大提出社会主义市场经济体制建设目标,经济发展进一步市场化,逐步替代了原来的计划经济体制。同时,随着居民收入水平的提高及饮食结构的改变,国内蔬菜需求日益增加。蔬菜贸易使国产蔬菜走出国门,增加了国际市场需求。因此这一阶段,在需求的拉动下我国蔬菜生产开始迅速扩张,从播种面积来看，1990 年到 2015 年我国蔬菜播种面积从 6 338 千公顷增长到 22 000 千公顷，增长率达到 247.11%，播种面积占农作物总播种面积比例从 4.27% 增长至 13.22%，增长率达到 209.60%，蔬菜总产量从 19 518.9 万吨增长至 78 526.1 万吨，增长率达到 302.31%。蔬菜品种也随之丰富，目前全国主要产区的常见蔬菜供应品种约有 50 种，蔬菜品种总数达到 140 多个。同时，蔬菜生产基础条件的不断完善，使蔬菜产品实现了全年充足供应。除此以外，随着交通运输条件的飞速发展，全国蔬菜流通范围进一步扩大，"南菜北运、西菜东运、北菜南运"的大生产、大流通格局逐渐完善。

3.1.3 我国蔬菜主要品种

我国地域辽阔，涵盖热带季风气候、亚热带季风气候、温带季风气候、温带大陆性气候、高山高原气候等 5 种气候类型，为各类蔬菜生产提供了丰富的气候条件，因此我国蔬菜种植品种十分多样，目前我国蔬菜品种约有 140 多个，较为常见的品种约有 110 种，其中年产量超过千万吨的品种有 20 多种。目前我国已开展常规种植的蔬菜品种如表 3 - 1 所示。由表 3 - 1 可知，我国常规种植的蔬菜品种主要有 6 大类，包括根菜类、茎菜类、叶菜类、果菜类、花菜类和杂类蔬菜。其中根菜类蔬菜中常见的品种有萝卜、胡萝卜、山药等；茎菜类蔬菜常见的品种有马铃薯、洋葱、莲藕、竹笋、莴笋等，还包括葱蒜类的大蒜、生姜等；叶菜类蔬菜常见的品种有菠菜、芹菜、韭菜等；果菜类蔬菜较为常见的品种有黄瓜、番茄、葫芦、南瓜、菜瓜等；而花菜类蔬菜较为常见的品种包括花椰菜、黄花菜、芥蓝等；杂类蔬菜主要常见品种包括蘑菇、草菇、木耳等菌类蔬菜。

表 3 - 1 我国常规种植蔬菜分类及品种

类别	品种
根菜类	萝卜、芜菁、胡萝卜、甜菜、牛蒡、山药、豆薯
茎菜类	芋头、荸荠、慈姑、马铃薯、菊芋、洋葱、大蒜、百合、莲藕、生姜、竹笋、莴笋、茭白、榨菜、蒲菜
叶菜类	白菜类、芥菜类、叶葱类、甘蓝、菠菜、筒蒿、芹菜、韭菜、冬寒菜、莼菜、莴苣、香椿

（续）

类别	品　种
果菜类	黄瓜、南瓜、葫芦、丝瓜、西瓜、甜瓜、菜瓜、苦瓜、茄子、辣椒、番茄、菜豆、豌豆、蚕豆、毛豆、扁豆、刀豆、菱角、黄秋葵
花菜类	花椰菜、黄花菜、芥蓝、菜薹
杂　类	蘑菇、草菇、木耳

数据来源：侯媛媛《我国蔬菜供需平衡研究》。

在对蔬菜主要种植品种进行分类的基础上，应用 2012 年数据分析了我国常见蔬菜品种的种植面积与产量情况，如表 3-2 所示。由表 3-2 可知，在播种面积方面，叶菜类蔬菜种植范围最大，播种面积约为 7 109.1 千公顷，占蔬菜总播种面积的 34.93%；其次为茄果菜类蔬菜，约占蔬菜总播种面积的 16.41%，播种面积为 3 339.4 千公顷；块根、块茎类蔬菜播种面积为 2 881.5 千公顷，约占蔬菜总播种面积的 14.16%，排名第三；瓜菜类播种面积为 2 288.2 千公顷，占蔬菜总播种面积的 11.24%，排名第四；葱蒜类播种面积 1 788.1 千公顷，占比约为 8.79%；菜用豆类蔬菜播种面积 1 381.1 千公顷，占比约为 6.79%；其他蔬菜类播种面积为 1 171.8 千公顷，占比约为 5.76%；水生菜类播种面积最小，为 393.4 千公顷，占比约为 1.93%。

从各类蔬菜具体品种来看，叶菜类蔬菜中大白菜为最主要的种植品种，播种面积为 2 607.6 千公顷，占叶菜类总播种面积的 36.68%，其次是菠菜、芹菜和油菜，占叶菜类蔬菜总播种面积的 9%~10%；瓜菜类蔬菜种植以黄瓜为主要品种，播种面积为 1 157 千公顷，占瓜菜类蔬菜总播种面积的 50.56%；块根、块茎类蔬菜种植以萝卜为最主要的品种，播种面积为 1 217.9 千公顷，占比约为 42.27%；茄果菜类蔬菜种植以辣椒、番茄、茄子为主要品种，播种面积分别为 1 230.4 千公顷、949.5 千公顷和 775.3 千公顷，三种蔬菜共占茄果菜类蔬菜总播种面积的 88.49%；葱蒜类蔬菜主要种植品种为大葱和大蒜，种植面积分别为 545.1 千公顷和 794.7 千公顷，共占葱蒜类蔬菜播种面积的 74.93%；菜用豆类蔬菜的主要种植品种为四季豆和菜豇豆，播种面积分别为 616.9 千公顷和 450.6 千公顷，共占菜用豆类蔬菜总播种面积的 77.29%；水生菜类蔬菜以莲藕为主要种植品种，播种面积为 275.8 千公顷，占水生菜类蔬菜播种面积的 70.11%。

从产量来看，2012 年我国蔬菜总产量为 70 883.1 万吨，各类蔬菜中叶菜类蔬菜产量最高，为 26 594.6 万吨，占蔬菜总产量的 37.52%。叶菜类蔬菜中大白菜产量最高，为 11 009.5 万吨，占比约为 41.40%，芹菜、菠菜和甘蓝产量分别为 2 637.8 万吨、2 007.9 万吨和 1 966.5 万吨，分别占叶菜类蔬菜总产量的 9.92%、7.55% 和 7.39%。茄果菜类蔬菜产量总产量排名第二，为 11 785.4 万吨，占蔬菜总产量的 16.63%，其中番茄产量最高，约为 4 805.7 万吨，占茄果菜类蔬菜总产量的 40.78%，茄子和辣椒产量分别为 2 769.9 万吨和 2 795.2 万吨，占比均为 24% 左右。总产量排名第三的蔬菜类型为块根、块茎类蔬菜，总产量为 9 927.5 万吨，占比约为 14.01%，其中萝卜产量最高，总产量为 4 206.6 万吨，占块根、块茎类蔬菜总产量的 42.37%。排名第四的为瓜菜类蔬菜，总产量 9 152.8 万吨，占蔬菜总产量的 12.91%，其中黄瓜产量占瓜菜类蔬菜的 56.69%。葱蒜类、菜用豆类蔬菜总产量分别为 5 775.7 万吨和 3 560.9 万吨，占蔬菜总产量比例分别为 8.15% 和 5.02%。水生菜类蔬菜产量最低，为 1 148.4 万吨，仅占蔬菜总产量的 1.62%。

表 3 - 2   2012 年我国主要蔬菜品种播种面积及产量

品　　种	播种面积（千公顷）	总产量（万吨）	每公顷产量（千克）
蔬菜合计	20 352.6	70 883.1	34 828
1. 叶菜类	7 109.1	26 594.6	37 574
菠菜	700.3	2 007.9	28 674
芹菜	681.3	2 637.8	38 719
大白菜	2 607.6	11 009.5	42 222
甘蓝（圆白菜）	484.4	1 966.5	40 600
油菜	677.1	1 731.0	25 566
2. 瓜菜类	2 288.2	9 152.8	40 000
黄瓜	1 157.0	5 188.7	44 847
3. 块根、块茎类	2 881.5	9 927.5	34 453
萝卜	1 217.9	4 206.6	34 539
胡萝卜	458.1	1 670.3	36 461

（续）

品 种	播种面积（千公顷）	总产量（万吨）	每公顷产量（千克）
4. 茄果菜类	3 339.4	11 785.4	35 292
茄子	775.3	2 769.9	35 727
番茄	949.5	4 805.7	50 613
辣椒（含柿子椒）	1 230.4	2 795.2	22 717
5. 葱蒜类	1 788.1	5 775.7	32 301
大葱	545.1	2 119.0	38 871
大蒜（蒜头）	794.7	1 931.0	24 299
6. 菜用豆类	1 381.1	3 560.9	25 782
四季豆	616.9	1 639.7	26 581
菜豇豆	450.6	1 152.5	25 579
7. 水生菜类	393.4	1 148.4	29 195
莲藕	275.8	841.2	30 497
8. 其他蔬菜类	1 171.8	2 937.8	25 071

注：《中国农业年鉴》以及相关统计资料中关于蔬菜分品种播种面积与产量数据仅更新至2012年，因此此处数据为2012年数据。

数据来源：根据2012年《中国农业年鉴》数据整理所得。

3.2 蔬菜生产效率的表现

蔬菜生产效率代表了一定资源能够带来的蔬菜产出量，是蔬菜生产发展中的重要方面。蔬菜生产的投入要素根据性质不同可以分为三大类，即土地、劳动和资本，因而从蔬菜生产基本要素投入的角度来看，可以从三个方面衡量蔬菜生产效率，即蔬菜土地生产率、蔬菜劳动生产率和蔬菜资本生产率。本书在分析中采用物质费用成本代表资本的投入，其包含了化肥、农药、种子等直接投入品成本以及固定资产的折旧费用。另外，化肥是蔬菜生产中的重要投入品，长期以来我国农业生产中存在较为严重的化肥投入过量问题，而化肥的合理利用又与生产过程的环境友好性相关，因此将在考虑传统要素投入生产率的基础上，再加入化肥投入生产率进行分析。本小节图中数据均来自《中国农村统计年鉴》《中国统计年鉴》。

全国蔬菜单位面积产值和单位面积产量变化如图3-3所示。从单位面积产值来看，除少数年份有波动外，基本呈现持续增长的趋势。具体来看，1983 年蔬菜单位面积产值为 3 195.34 元，而到 2015 年为 11 261 元，增长率达到 252.42%。从单位面积产量来看，从 1990 年至 1994 年，蔬菜单位面积产量呈现出较为明显的下降趋势，从 30 796.6 千克/公顷下降至 23 433 千克/公顷。1995 年之后进入一个持续快速增长的阶段，直到 1998 年。1998 年至 2003 年蔬菜单位面积产量进入调整阶段，在 30 000 千克/公顷的水平上下波动。从 2003 年之后蔬菜单位面积产量进入持续增长阶段，由图可知这一阶段几乎呈直线增长趋势。到 2015 年，蔬菜单位面积产量达到 35 693.7 千克/公顷，相比 1990 年增长了 15.90%。

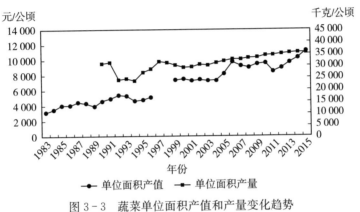

图 3 - 3　蔬菜单位面积产值和产量变化趋势

注：由于 1997—1998 年蔬菜产值数据缺失，故此图中单位面积产值数据点有缺失。产值数据为以 1980 年为基期的农产品生产价格指数平减后的产值数据。

　　图 3 - 4 展示了全国蔬菜生产劳动力日均产值和产量变化趋势。从产值来看，劳动力日均产值在波动中呈现不断增长的趋势，1998 年全国大中城市蔬菜劳动力日均产值为 12.84 元，而到 2015 年劳动力日均产值增长到 24.86 元，增长率达到 93.61%，即增长了接近一倍。而产量方面，劳动力日均产量呈现出更为稳定的增长趋势，1998 年全国大中城市蔬菜劳动力日均产量为 59.49 千克，而 2015 年为 117.60 千克，增长率为 97.68%，略高于劳动力日均产值增长。另外，在对同一时期大中城市劳动力日均产量和产值与全国水平的对比中可以看出，2011—2015 年全国劳动力日均产值从 25.74 元增长至 28.04 元，并且整体水平高于大中城

市。这反映出随着我国农产品物流的发展，非大中城市周边地区生产的蔬菜也能够参与到整个蔬菜消费链条中并实现产值。2011—2015 年全国劳动力日均产量均值为 115.82 千克，与同时期大中城市的 115.48 千克水平基本持平，而从增长率来看，全国蔬菜劳动力日均产量增长了 12.55%，高于同时期大中城市的增长率 10.27%。这进一步反映出在距离消费市场较远的生产地蔬菜生产发展较为迅速。

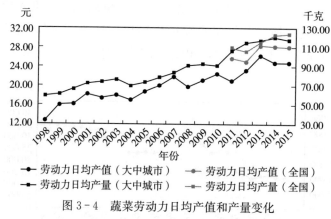

图 3-4　蔬菜劳动力日均产值和产量变化

注：图中所使用产值数据经过以 1980 年为基期的农产品生产价格指数平减。由于统计年鉴在 2011 年以前并未统计全国蔬菜生产成本收益数据，因此这里全国数据仅包含 2011—2015 年数据。在分析时以全国大中城市数据为主。

　　图 3-5 展示了蔬菜单位物质费用投入带来的产值和产量变化情况。从产值来看，1998 年大中城市单位物质费用产值为 3.36 元/元，1998—2004 年进入缓慢增长阶段。2005 年以后大中城市单位物质费用产值在较大幅度的波动中不断增长，最终到 2010 年达到全时期的最高点，为 4.83 元/元。2011—2015 年又进入波动中保持平稳的阶段，到 2015 年大中城市单位物质费用产值达到 4.66 元/元，比 1998 年增长了 38.69%。从产量来看，1998 年大中城市单位物质费用产量为 15.56 千克/元，1998 年之后稍有下降并进入平稳变化阶段，直到 2006 年开始至 2011 年进入快速增长期。2011 年达到全时期单位物质费用产量的最高点，为 22.69 千克/元，随后又进入平稳变化期，到 2015 年大中城市单位物质费用产量达到 22.04 千克/元，相比 1998 年增长了 41.65%。对比同一时期全国与大中

城市蔬菜单位物质费用投入带来的产值和产量变化。产值方面，大中城市 2011—2015 年平均值为 4.58 元/元，高于全国水平的 3.63 元/元；产量方面，大中城市 2011—2015 年平均值为 21.98 千克/元，高于全国水平的 15.54 千克/元，这表明与大中城市周边地区相比，距离消费市场较远的地区蔬菜生产中物质费用投入较多。而从单位产值与产量的增长率来看，2011—2015 年，大中城市单位产值和产量增长率分别为 3.58% 和 −2.87%，而全国两者增长率分别为 33.11% 和 37.51%，表明距离城市消费市场较远的地区在蔬菜物质资本生产率提高方面更具有潜力和动力。

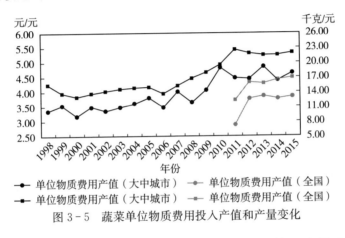

图 3-5　蔬菜单位物质费用投入产值和产量变化

图 3-6 展示了蔬菜生产单位化肥投入带来的产值和产量变化。从产值来看，整个研究阶段大中城市化肥单位投入产值的变动幅度较大，但基本呈现倒 U 形变化趋势。1998 年化肥单位投入产值为 19.75 元/千克，随后 1998 年至 2003 年呈现上下波动的趋势，但稳定在 18 元/千克至 22 元/千克范围内。从 2003 年开始到 2005 年呈现迅速上升的趋势，到 2005 年达到了整个考察期的最高值，为 23.83 元/千克。从 2005 年到 2011 年大中城市化肥单位投入产值呈现不断降低的趋势，2011 年开始又有所反弹，但变化趋势较平缓，到 2015 年化肥单位投入产值为 19.82 元/千克，基本与 1998 年持平。从产量来看，1998—2015 年，基本保持在 75 千克/千克至 100 千克/千克的范围内波动，1998 年大中城市化肥单位投入产量为 91.49 千克/千克，而 2015 年为 93.76 千克/千克，变动较小。对比同时期大中城市与全国化肥单位投入产值和产量水平，产值方面，虽然 2011

年开始全国化肥单位产值低于大中城市水平，但其呈现快速增长的趋势，从 2014 年开始超过大中城市水平，达到 22.76 元/千克；产量方面的全国水平与大中城市的变化特点相似，但增长速度略低，到 2015 年，全国化肥单位投入产量为 100.71 千克/千克。

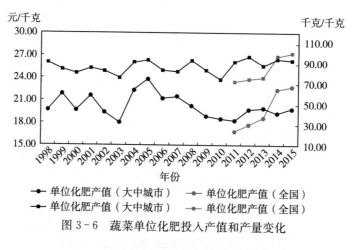

图 3-6　蔬菜单位化肥投入产值和产量变化

3.3　蔬菜生产效率的贡献度分析

新中国成立以来尤其是改革开放以来，全国蔬菜总产量呈不断增长的趋势。虽然蔬菜的总产量增长受到科技进步、生产条件的改善、宏观政策变动、消费市场以及天气等因素的影响，但从本质上讲，蔬菜产量增长最直接受到蔬菜播种面积和单位面积产量的影响，其他环境因素的影响最终转变为蔬菜生产规模的扩大和蔬菜单位面积产量的增长。另外值得注意的是，蔬菜品种繁多，由于蔬菜品种变化也可能造成单位面积产量的改变，因此蔬菜单位面积产量的增长除受到科技进步、生产条件的改善等因素影响外，还可能受到蔬菜种植结构改变的影响。本节将在考虑蔬菜种植结构调整的基础上，对全国蔬菜产量增长进行分解，分析蔬菜产量增长中种植规模和单位面积产出的贡献率。

3.3.1　因式分解框架下的效率贡献度分析模型

目前在农业生产效率贡献度的测算中主要使用的方法有索洛余值法、

灰色关联度方法和因式分解法。索洛余值法是根据索洛模型建立的分析方法，即通过建立生产函数分析除生产要素投入以外带来产出增长的部分，这部分称为索洛余值，代表了生产效率对产出增长的贡献。索洛余值法虽然可以通过建立生产函数明确各个要素对产出的贡献并最终得到生产效率的贡献度，但其包含着农业生产规模报酬不变和希克斯中性技术的前提假设，而这与实际农业生产并不十分符合。另外，虽然索洛余值包含了农业生产中的各方面投入，但实际上这些投入对产出的影响最终体现在生产规模和单位面积产出上。灰色关联度方法是通过对农业生产中总产量与播种面积和单位面积产出三个变量的变化趋势进行灰色关联度测算，根据播种面积和单位面积产出与总产量变动的相关性大小得到其对总产量增长的贡献度。虽然灰色关联度能够客观反映播种面积和单位面积产出变动对总产量变动带来的影响，但实际并未考虑到农业内部生产结构调整因素。因式分解法是通过因式分解将总产量变动分解为播种面积、单位面积产出和农作物种植结构调整三部分，从而得到各部分的贡献率。该方法具有不需要对生产过程进行严格的假设，同时还能考虑种植结构调整带来的影响的优点，因此本节利用因式分解法对蔬菜产量增长进行分解，并明确各部分的贡献率。从广义的农业生产要素来看，土地和劳动力是较为关键的两项投入，也是最常用来反映农业效率水平的两类要素，因此本书将从土地生产效率和劳动生产效率两个方面对生产效率的贡献度进行分析，下面以土地生产效率贡献度测度为例对分析方法进行介绍，劳动生产效率贡献度测度方法类似，故不再赘述。

一般而言，时期 t 的蔬菜总产量（Q_t）可以通过两种方式表示，一种是总播种面积（R_t）与单位面积加权平均产量（Y_t）的乘积，另一种是各类作物各自的播种面积（r_{it}）与其自身单位面积产量（y_{it}）的乘积之和，即可以用下式表示：

$$Q_t = R_t Y_t = \sum_{i=1}^{n} r_{it} y_{it} \qquad (3-1)$$

其中 i 代表了不同的蔬菜品种，对式（3-1）两边除以总播种面积可以得到式（3-2）：

$$Y_t = \frac{Q_t}{R_t} = \sum_{i=1}^{n} s_{it} y_{it} \qquad (3-2)$$

其中 s_{it} 代表了第 i 种蔬菜第 t 期的播种面积占比，即 $s_{it}=r_{it}/R_t$，表明蔬菜的单位面积加权平均产量等于各品种蔬菜自身单位面积产量的加权和，而权重即为各品种蔬菜生产的播种面积占比。因此可以看出蔬菜总产量实际上受到三方面因素的影响，即蔬菜总播种面积的变化、各品种蔬菜种植比例的变化和各品种蔬菜单位面积产出的变化。

由于实际中蔬菜产量的变化往往是三类因素共同作用的结果，因此为了从蔬菜总产量变化中将总播种面积的变化、蔬菜种植比例变化和各品种蔬菜单位面积产出的变化带来的影响分离开，首先要假定蔬菜种植结构不变。假设一种无结构调整的情况，在此情况下蔬菜各期种植的品种结构不发生变化，则根据式（3-1）和（3-2），此时可以将 $t+1$ 期的蔬菜总产量表示为：

$$Q'_{t+1} = R_{t+1}\sum_{i=1}^{n} s_{it}y_{it+1} = \sum_{i=1}^{n} r'_{it+1}y_{it+1} \qquad (3-3)$$

其中 r'_{it+1} 代表第 i 类蔬菜保持第 t 期的播种面积占比在第 $t+1$ 期的播种面积，并且满足 $r'_{it+1}/r_{it}=R_{t+1}/R_t=\beta_{it}$，$\beta_{it}$ 表示蔬菜总播种面积的增长率也等于无结构调整状态下的各类蔬菜播种面积的增长率。故无结构调整下的 t 与 $t+1$ 期的蔬菜总产量变化可以表示为：

$$\frac{Q'_{t+1}}{Q_t} = \beta_{it}\frac{\sum_{i=1}^{n} s_{it}y_{it+1}}{\sum_{i=1}^{n} s_{it}y_{it}} \qquad (3-4)$$

令 $\lambda_{it}=\sum_{i=1}^{n} s_{it}y_{it+1}/\sum_{i=1}^{n} s_{it}y_{it}$，表示各作物加权后的自身单位面积产量变化，因此 t 到 $t+1$ 期的蔬菜实际总产出可以做如下分解：

$$\ln\frac{Q_{t+1}}{Q_t}=\ln\beta_{it}+\ln\lambda_{it}+\ln\frac{Q_{t+1}}{Q'_{t+1}} \qquad (3-5)$$

式（3-5）表明 t 到 $t+1$ 期蔬菜实际总产出变化可以分解为等号右边三项，第一项为播种面积的变化，第二项为各类蔬菜单位面积产出的变化，第三项为种植结构的变化。据此，可以分解得到蔬菜播种面积变化（ϕ_R）、种植结构变化（ϕ_A）和单产变化（ϕ_y）对蔬菜总产出变化的贡献率：

$$\phi_R = \ln\beta_{it}/\ln(Q_{t+1}/Q_t) \qquad (3-6)$$

$$\phi_A = 1 - \ln(\beta_{it}\lambda_{it})/\ln(Q_{t+1}/Q_t) \qquad (3-7)$$

$$\phi_y = 1 - \phi_R - \phi_A \qquad (3-8)$$

3.3.2　蔬菜生产效率的贡献度分析

（1）全国蔬菜产量与生产结构变化

表3-3展示了2012年与2002年相比全国八大类蔬菜的产量增长情况。从蔬菜产量占比来看，2012年同2002年一样，叶菜类蔬菜为产量最大的一类蔬菜，占蔬菜总产量的35%以上。2002年茄果类蔬菜产量占比为13.21%，为产量第三的蔬菜品种，而到2012年，茄果类蔬菜产量占比增加至16.63%，成为产量第二的蔬菜品种。其余蔬菜从2002年到2012年占比变化并不大。另外从占比变化方向来看，除瓜菜类和茄果类蔬菜外，其余蔬菜占比均有所减少。从产量增长率来看，2002年至2012年蔬菜总产量增长率为34.09%，茄果类增长率最高，为68.82%，其次是瓜菜类，增长率为41.40%。块根、块茎类和葱蒜类、菜用豆类蔬菜产出增长率均接近于蔬菜整体增产率，达到了32%以上。叶菜类蔬菜增长

表3-3　从2002年至2012年全国各类蔬菜产量变化及贡献率

单位：万吨，%

项目	2012年		2002年		2002—2012年			
	产量	占比	产量	占比	增产量	占比变化	增产率	增产贡献率
蔬菜总体	70 883.1	100	52 860.5	100	18 022.6	0.00	34.09	100
叶菜类	26 594.6	37.52	21 011.2	39.75	5 583.4	−2.23	26.57	30.98
瓜菜类	9 152.8	12.91	6 473.1	12.25	2 679.7	0.67	41.40	14.87
块根、块茎类	9 927.5	14.01	7 497.3	14.18	2 430.2	−0.18	32.41	13.48
茄果类	11 785.4	16.63	6 980.9	13.21	4 804.5	3.42	68.82	26.66
葱蒜类	5 775.7	8.15	4 359.7	8.25	1 416	−0.10	32.48	7.86
菜用豆类	3 560.9	5.02	2 671.8	5.05	889.1	−0.03	33.28	4.93
水生菜类	1 148.4	1.62	1 022.4	1.93	126	−0.31	12.32	0.70
其他	2 937.8	4.14	2 820.6	5.34	116.9	−1.19	4.14	0.65

数据来源：《中国农业统计资料》《中国农业年鉴》。

率较小，为 26.57％，水生菜类增产率最小，为 12.32％。从增长贡献率来看，最高的为叶菜类蔬菜，为 30.98％，这表明虽然从增产率和占比变化来看叶菜类并不是最高，但由于叶菜类属于第一大类蔬菜品种，其增长仍为蔬菜产量增加的第一大来源。其次是茄果类蔬菜，增产贡献率达到 26.66％，这表明从 2002 年至 2012 年茄果类蔬菜产出增长较快，不仅在蔬菜产量占比方面有所提高，其增产绝对值也对蔬菜产量的增长做出了较大贡献。其余品种中瓜菜类和块根、块茎类的增产贡献率分别为 14.87％和 13.48％，葱蒜类和菜用豆类的增产贡献率稍小，分别为 7.86％和 4.93％。水生菜类增产贡献率最小，为 0.7％。

图 3-7 展示了 2012 年与 2002 年相比全国各类蔬菜单位面积产量变化及增长率。从各类蔬菜的单位面积产量对比来看，单位面积产出最高的为瓜菜类，其次是叶菜类，块根、块茎类和茄果类。这四类蔬菜单位面积产量均高于所有蔬菜的平均单产。单位面积产量最低的为菜用豆类，仅为全部蔬菜平均单产的 74％左右。从各类蔬菜单位面积产量增长率来看，单产增长率最高的为葱蒜类蔬菜，2002 年至 2012 年增长率达到了 17.65％，其次为叶菜类，增长率为 16.20％，排名第三的为菜用豆类，增长率为 15.68％。瓜菜类、茄果类和块根、块茎类蔬菜单产增长率也达到了 10％以上，分别为 13.3％、12.2％和 11.18％。增长率最低的为水生菜类，仅为 7.2％。

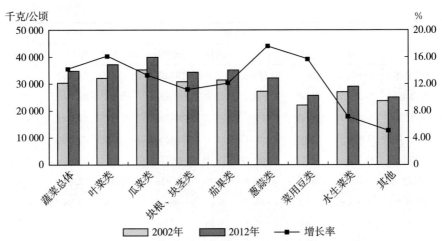

图 3-7 从 2002 年至 2012 年全国各类蔬菜单位面积产量变化及增长率

数据来源：《中国农业统计资料》《中国农业年鉴》。

表 3-4 展示了 2012 年与 2002 年相比全国各类蔬菜播种面积的变化。从各类蔬菜播种面积占比来看，2012 年同 2002 年一样，叶菜类蔬菜是播种面积最大的一类蔬菜，2002 年占比 37.61%，2012 年稍有下降，为 34.93%。2002 年排名第二的为块根、块茎类蔬菜，占比为 13.94%，而茄果类占比稍小，为 12.79%，排名第三。到 2012 年茄果类蔬菜占比达到 16.41%，排名第二，而块根、块茎类蔬菜占比为 14.16%，排名第三。其余蔬菜播种面积变化并不大。同时从播种面积占比变化来看，除瓜菜类、茄果类和块根、块茎类以外，其余蔬菜播种面积占比均有所下降。从播种面积变化率来看，2002 年至 2012 年各类蔬菜播种面积均有所增加。其中，茄果类蔬菜播种面积增长率最高，约为 50.46%。其次为瓜菜类，播种面积增长率为 24.8%。排名第三的为块根、块茎类蔬菜，播种面积增长率为 19.10%。除此以外，葱蒜类、菜用豆类播种面积增长幅度也较大，分别为 12.61% 和 15.21%。叶菜类和水生菜类蔬菜播种面积增长幅度较小，分别为 8.93% 和 4.79%。

表 3-4　2012 年与 2002 年相比全国各类蔬菜播种面积变化及结构调整

单位：万公顷，%

项目	2012 年		2002 年		2002—2012 年		
	播种面积	占比	播种面积	占比	播种面积变化	增长率	占比变化
蔬菜总体	2 035.26	100	1 735.31	100	299.95	17.29	0.00
叶菜类	710.91	34.93	652.62	37.61	58.29	8.93	-2.68
瓜菜类	228.82	11.24	183.35	10.57	45.47	24.80	0.68
块根、块茎类	288.15	14.16	241.94	13.94	46.21	19.10	0.22
茄果类	333.94	16.41	221.94	12.79	112	50.46	3.62
葱蒜类	178.81	8.79	158.79	9.15	20.02	12.61	-0.36
菜用豆类	138.11	6.79	119.88	6.91	18.23	15.21	-0.12
水生菜类	39.34	1.93	37.54	2.16	1.8	4.79	-0.23
其他	117.18	5.76	118.32	6.82	-1.14	-0.96	-1.06

数据来源：《中国农业统计资料》《中国农业年鉴》。

（2）蔬菜生产效率的贡献度分析

利用因式分解法对蔬菜产量增长的分解结果如表 3-5 和表 3-6 所

示。由表 3-5 可知，2002 年至 2012 年蔬菜总产量增长率 34.09%，总播种面积增长率为 17.29%，加权平均单产增长率为 16.81%，对总产量增长的贡献率分别为 50.7% 和 49.3%，而在加权平均单产的贡献率中有 0.74% 来自蔬菜种植结构调整，48.56% 来自各类蔬菜单产的增长。在总产量增长中单位面积产出增长的贡献率占了近一半，可见其对蔬菜总产量增长具有重要贡献。分阶段来看，2002 年至 2006 年蔬菜播种面积和加权平均单产的贡献率分别为 50% 和 50%，加权平均单产的贡献率中结构调整贡献率为 2.08%，各类蔬菜单产增长贡献率为 47.91%。而 2009 年至 2012 年，蔬菜播种面积和加权平均单产的贡献率分别为 66.91% 和 33.09%，加权平均单产贡献率中结构调整贡献率为 1.92%，各类蔬菜单产增长贡献率为 31.17%。对比两阶段可知，第二阶段各类蔬菜单产增长对产量增加的贡献率有所下降，而播种面积增加的贡献率明显增加，表明随着蔬菜产业的发展，蔬菜产量的增长从生产规模和生产效率并重的模式逐渐转向依靠生产规模扩张的模式。造成这种现象的原因可能有两方面。一方面，随着科技进步、生产条件的改善、投入要素质量的提高等，蔬菜单位面积产出在早期迅速提高，但当单产达到一定水平后，受科技水平的限制，其增长速度逐渐放缓。另一方面，我国蔬菜产业长期属于高投入的生产模式，而农户的管理和生产技术水平有限，难以合理配置各类要素，限制了单位面积产出的进一步增长。

表 3-5　全国蔬菜产量增长的贡献率分解

单位：%

年份	蔬菜产量增长率	播种面积		加权平均单产		加权平均单产中结构调整		加权平均单产中各类蔬菜单产增长贡献率
		增长率	贡献率	增长率	贡献率	增长率	贡献率	
2002—2003	2.22	3.46	156.13	−1.24	−56.13	0.05	2.43	−58.56
2003—2004	1.91	−2.19	−114.59	4.10	214.59	0.07	3.57	211.03
2004—2005	2.52	0.91	36.20	1.61	63.80	0.06	2.40	61.40
2005—2006	3.32	2.80	84.35	0.52	15.65	0.03	0.76	14.89
平均	2.49	1.25	50.00	1.25	50.00	0.05	2.08	47.91

（续）

年份	蔬菜产量增长率	播种面积		加权平均单产		加权平均单产中结构调整		加权平均单产中各类蔬菜单产增长贡献率
		增长率	贡献率	增长率	贡献率	增长率	贡献率	
2009—2010	5.22	3.18	60.93	2.04	39.07	−0.08	−1.54	40.61
2010—2011	4.24	3.36	79.35	0.88	20.65	0.17	4.07	16.58
2011—2012	5.75	3.63	63.16	2.12	36.84	0.20	3.48	33.36
平均	**5.07**	**3.39**	**66.91**	**1.68**	**33.09**	**0.10**	**1.92**	**31.17**
2002—2012	34.09	17.29	50.70	16.81	49.30	0.25	0.74	48.56

注：由于数据的可得性，仅使用 2002—2006 年和 2009—2012 年的数据分两阶段进行比较分析。

数据来源：《中国农业统计资料》《中国农业年鉴》。

由表 3-6 可知，从劳动生产效率分解的角度来看，2002—2012 年，蔬菜总产量增长中劳动力投入的增长率为−11.18%，蔬菜平均劳动力单产的增长率为 45.28%，可见蔬菜生产中劳动力的投入整体减少，而单位劳动力生产率增长是蔬菜总产量增长的主要拉动因素，贡献率达到了 132.8%。而在蔬菜整体加权平均劳动力单产的贡献中，有 11.54% 来自蔬菜种植结构的调整，121.26% 来自各品种蔬菜劳动力单产的增加。相比于 2002—2006 年，2009—2012 年蔬菜产量平均增长率更高，同时蔬菜劳动力单产增长的贡献率也更高，加权平均劳动力单产增长以及各品种蔬菜劳动力单产增长的贡献率分别从 68.54% 和 107.51% 增长至 106.47% 和 121.38%。

表 3-6　全国蔬菜产量增长的劳动生产效率贡献率分解

单位：%

年份	蔬菜产量增长率	劳动力投入		加权平均劳动力单产		加权平均劳动力单产中结构调整		加权平均劳动力单产中各类蔬菜劳动力单产增长贡献率
		增长率	贡献率	增长率	贡献率	增长率	贡献率	
2002—2003	2.22	2.82	127.06	−0.60	−27.06	−1.00	−45.00	17.93
2003—2004	1.91	−2.01	−105.25	3.92	205.25	−2.05	−107.06	312.31
2004—2005	2.52	2.73	108.42	−0.21	−8.42	−0.65	−25.85	17.43
2005—2006	3.32	−0.40	−12.07	3.72	112.07	−0.19	−5.71	117.78
平均	**2.49**	**0.78**	**31.46**	**1.71**	**68.54**	**−0.97**	**−38.97**	**107.51**

（续）

年份	蔬菜产量增长率	劳动力投入		加权平均劳动力单产		加权平均劳动力单产中结构调整		加权平均劳动力单产中各类蔬菜劳动力单产增长贡献率
		增长率	贡献率	增长率	贡献率	增长率	贡献率	
2009—2010	5.22	6.08	116.48	−0.86	−16.48	−0.31	−5.88	−10.61
2010—2011	4.24	−6.23	−146.96	10.47	246.96	−5.06	−119.42	366.38
2011—2012	5.75	−0.83	−14.47	6.58	114.47	3.10	53.95	60.52
平均	**5.07**	**−0.33**	**−6.47**	**5.40**	**106.47**	**−0.76**	**−14.91**	**121.38**
2002—2012	34.09	−11.18	−32.80	45.28	132.80	3.93	11.54	121.26

数据来源：根据《全国农产品成本收益资料汇编》《中国农业年鉴》《中国农业统计资料》相应年份数据折算。

由此可见，在蔬菜生产发展过程中蔬菜生产效率的提升具有重要意义，而在我国现有的耕地资源限制以及农业有效劳动力有限的背景下，依赖生产规模扩张的蔬菜生产增长模式难以实现可持续发展，因此应当将关注的重点放在如何提高蔬菜生产效率上。

3.4　本章小结

本章在对蔬菜生产效率的产业发展历史和现状背景进行介绍的基础上，探讨了蔬菜生产的土地、劳动力、资本以及化肥的单要素生产率，并对蔬菜生产发展进行分解，测算了其中蔬菜生产效率的贡献度，主要结论如下：

①1978—2015 年蔬菜生产规模不断扩大，逐渐成为除粮食作物外播种面积最大的作物，与此同时蔬菜产量和人均产量也迅速增长；在社会经济发展和支持政策变化的大背景下，我国蔬菜生产的发展可以分为缓慢发展、逐渐发展以及迅速扩张 3 个阶段；目前我国蔬菜品种丰富，其中叶菜类、茄果类以及根茎类三类蔬菜的播种面积和产量最大。

②我国蔬菜单位面积产值呈现出在小幅波动中持续增长的趋势，而单位面积产量在 2003 年以前存在涨跌变化较大的阶段，2003 之后则呈现稳定的增长趋势；1998—2015 年蔬菜生产劳动力日均产值和产量均呈现较为稳定的增长趋势，全国蔬菜劳动生产率及其增长率略高于大中城市；资

本生产率经历了平稳—快速—平稳三个发展阶段，大中城市资本生产率明显高于全国平均水平；化肥生产率方面，单位化肥产值呈现倒 U 形变化趋势，而单位化肥产量则保持平稳的小幅波动，不存在明显的变化趋势。

③2002—2012 年各类蔬菜中，茄果类蔬菜产量的占比增长迅速，茄果类和瓜菜类蔬菜产量增长率显著高于全部蔬菜平均水平，茄果类和叶菜类蔬菜产量的增长是蔬菜总产量增长的主要来源；茄果类、根茎类和瓜菜类蔬菜播种面积占比有明显上涨，而其他蔬菜则有所下降。蔬菜总产量增长中生产效率的贡献达到 50% 左右，但近些年蔬菜生产效率的贡献度有所下降，蔬菜产量的增长更加依赖播种面积的增长；蔬菜品种结构调整的贡献率较低，仅为 2% 左右，而蔬菜劳动力生产效率的贡献度达到 120% 以上，说明在劳动力投入缩减的同时，劳动力生产效率的提高是拉动蔬菜产量增长的主要因素。

4 蔬菜生产效率的产业比较分析

通过前述研究可以看出，蔬菜生产发展中效率具有重要贡献，从本章开始针对蔬菜生产效率水平评价展开分析。从整个农业产业角度来看，蔬菜产业是重要的组成部分，与其他农业产业之间共同分享农业资源和技术进步的成果。在农业生产资源方面，我国耕地、水等自然资源十分匮乏，农业生产的有效劳动力供应也日趋减少，以小规模家庭经营为主的生产方式下农业生产者拥有有限的资本，有限的生产资源在蔬菜产业与其他农业部门间的合理分配受到产业间比较效率的影响。在农业生产技术方面，各农业产业受益于基础农业生产技术的进步，而某一农业产业技术的进步也将通过资源节约等效应对其他农业产业产生溢出作用。可见，蔬菜生产效率的提高离不开整个农业产业效率的提高，同时资源分配结果也是由其相对于其他农业部门效率水平的高低决定的。因此，对比蔬菜产业与其他农业产业的生产效率能够以整个农业产业效率为基准对蔬菜生产资源配置优势与劣势做出评价，对把握蔬菜生产中资源的分配现状与未来发展趋势具有重要意义。

把握各农业产业生产资源的配置水平对于农业产业的发展具有重要意义。学者们对各农业产业生产效率进行了大量的研究。王艺颖和刘春力（2016）从生产成本收益的角度对陕西省小麦和玉米的生产效率进行了分析，结果表明存在成本高收益低的现状。杨锦英等（2013）从全要素生产率角度对全国粮食生产效率进行了评价，认为全国粮食全要素生产率存在退步的情况，而主要的原因是技术进步指数的下滑。陈静等（2013）从全要素生产率与技术效率的角度对全国三大类油料作物的生产效率进行了分析，认为油菜全要素生产率增长最快，但波动剧烈，而花生和大豆全要素生产率增长相对平稳，花生和大豆全要素生产率的增长源泉主要是技术效率改善，油菜则主要是技术进步。叶颉和许莉萍（2015）从全要素生产率和技术效率角度对甘蔗全国及优势产区生产效率进行了评价，认为技术进步是阻碍全国及主产区全要素生产率增长的因素，规模效率则是带来技术效率损失的主要因素。余建斌等（2007）从技术进步和技术效率的角度对中国大豆的生产效率进行了评估，并对其影响因素进行了分析，结果表明大豆生产中技术效率的损失较大。高露华等（2015）对大豆生产技术效率进行分解后，认为制约大豆生产效率的主要因素是生产规模。除了对单一品种生产效率进行评价以外，也有研究对农业各产业生产效率做出了对比分析，如范成方和史建民（2013）从成本收益角度对粮食与油料、蔬菜、苹果等作物的生产效率做出了对比，认为与粮食作物相比，油料、蔬菜和苹果等作物生产的比较收益较高，但随着土地、资本边际收益的降低，这一差距有所缩减。

　　综上，不同农业产业生产效率发展呈现出不同的特征，而从生产成本收益角度来看各农业产业之间存在较大的差距。因此，为便于从整个农业产业角度评价蔬菜生产效率的发展水平，本章将分别从成本收益、单要素生产率、技术效率和全要素生产率四个方面对农业各主要产业的生产效率进行对比分析。

4.1　蔬菜产业的地位分析

　　蔬菜产业是农业产业的重要组成部分，如前文所述，蔬菜是仅次于粮食作物的播种面积第二大作物，占有较大比例的耕地资源。在生产效率的分析框架下，有限资源所带来产出的多少代表产业资源利用的效率，也体现出农业产业生产资源配置的能力，是从经济效益的角度对生产效率的最直接评价。本节将在对农业产业进行分类的基础上对主要农业产业的产值地位进行对比。

　　图 4-1 展示了 2003—2015 年各主要农业产业产值占农业总产值的比例的变化情况。从整体来看，产值占农业总产值比例超过 10% 的作物是谷物作物、蔬菜作物和茶果类作物，2015 年占比分别为 24.62%、34.86% 和 19.35%，其余作物的产值占比分别是薯类 2.67%、豆类 1.33%、油料 3.78%、棉花 1.81%。可见目前来看，蔬菜产业是农业产

业中产值占比最大的产业，而结合总播种面积来看，蔬菜生产的经济效益整体高于谷物作物。从 2003 年以来的变化趋势可以看出，2003 年蔬菜的产值占比为 29.75%，与谷物作物的产值占比基本持平，2004—2006 年出现了三年的缩减趋势，之后呈现不断增长的趋势，逐渐超过了谷物作物。而其他农业产业除茶果类作物的产值占比从 11.51% 增长至 19.35% 以外，其余产业均存在一定程度的产值比重的下降，这表明蔬菜和茶果类作物的经济效益存在不断增加的趋势，对农业经济的发展和农民增收具有重要的意义。

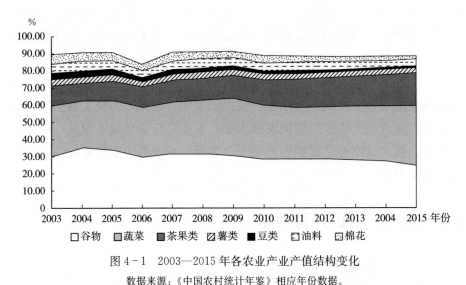

图 4-1　2003—2015 年各农业产业产值结构变化

数据来源：《中国农村统计年鉴》相应年份数据。

4.2　蔬菜和其他农业部门生产效益对比

对农业产值构成变化的分析从整体的经济效益角度解释各产业生产效率的差异，为了从投入产出的角度更明确各产业生产资源的配置水平，需要从投入结构和投入产出的利润率角度做进一步分析。因此，本节将从具体的成本收益角度对蔬菜和其他农业部门进行对比分析，以从经济效益的角度理解蔬菜产业生产效率在农业中的地位。

按照《全国农产品成本收益资料汇编》的分类，选取稻谷、小麦、玉米和大豆四类粮食作物，油料、棉花、烤烟和糖料四类经济作物，露地果类、设施果类、叶菜类和根茎类四类蔬菜作物进行投入产出的成本收益对比，按不同要素类型将生产成本划分为劳动力、土地、种子、肥料、农药、农膜、机械以及其他成本等 8 类来考察成本的结构，并从利润率的角度分析生产资源的配置水平。

图 4-2 展示了 2004—2016 年我国农业各主要产业单位面积投入要素结构和利润率。从生产成本水平来看，粮食作物最低，单位面积投入的成本为 667.62 元，其次是经济作物，单位面积投入成本为 1 463.38 元，蔬菜作物最高，为 2 865.40 元，可见蔬菜作物的生产成本远远高于其余两种作物，而在蔬菜作物中设施果类的成本最高，为 5 110.45 元。可见蔬菜产业属于典型的高投入产业。从生产成本的构成来看，各类作物中占成本比重最大的均为劳动力成本，其中粮食作物平均劳动力成本占比为 35.71%，经济作物为 51.96%，蔬菜作物为 51.64%，这表明经济作物和蔬菜作物相对于粮食作物来说属于劳动力密集型生产。从机械作业费来看，粮食作物平均机械作业费成本占比为 15.25%，经济作物为 6.53%，蔬菜作物为 4.35%，体现出粮食作物生产投入过程中机械对劳动力的替代。其他成本构成中，粮食作物的土地成本占比最高，为 22.35%，其次是肥料费 15.38%。经济作物和蔬菜作物的肥料费占比最高，分别为

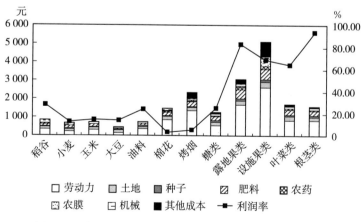

图 4-2　各农业产业单位面积投入要素结构差异及利润率

数据来源：2005—2017 年《全国农产品成本收益资料汇编》。

13.56％和14.82％，其次是土地成本，分别为12.61％和10.14％。表明粮食产业属于土地密集型产业，经济作物产业同时偏向于土地密集型和肥料密集型产业，而蔬菜产业则属于明显的劳动密集和肥料密集型产业。从利润率来看，三类作物中经济作物的利润率最低，为13.77％，粮食作物略高于经济作物，为17.24％，蔬菜作物则远高于其他两类作物，平均利润率为77.49％，表明蔬菜产业相比于其他农业产业具有显著的利润率优势。

4.3 蔬菜和其他农业部门生产效率对比

以上分析主要从经济效益角度对蔬菜产业及其他农业产业的生产效率进行对比。在生产效率的其他衡量中，单要素生产效率能够从所考察的要素投入角度对生产效率有直观的反映，技术效率能够反映各类要素的综合配置和利用水平，全要素生产率则能够从时间的维度考虑技术进步的影响从而反映出生产效率的变动趋势和发展特点。为了更加全面地评价生产资源的配置水平，本节将从单要素生产率、技术效率以及时间维度的全要素生产率角度进行进一步分析。

4.3.1 单要素生产率对比

单要素生产率是生产效率最基本的定义，是所关心的生产投入要素的产出回报率，反映了对一种生产资源的利用程度。考虑到农业生产过程中资源的稀缺性以及生产过程的环境友好性，从农业生产过程中土地、劳动力和资本的角度以及生产投入中主要的环境污染源角度，分别选择土地、劳动力、物质费用和化肥四类投入要素进行单要素生产率分析。

图4-3展示了三大类作物的土地生产率和劳动生产率。从土地生产率来看，分布特点与成本投入比较相似，其中粮食作物最低，平均每亩*产值为789元，其次是经济作物，为1 619元，蔬菜作物最高，为5 025元。而从劳动力生产率来看，经济作物最低，平均每日劳动力投入带来的

---

* 亩为非法定计量单位，1亩＝1/15公顷。——编者注

产值为 91.41 元，粮食作物和蔬菜作物高于经济作物，分别为 126.12 元
和 136.11 元。可见，虽然经济作物在土地生产率上略占优势，但劳动密
集型的生产方式使得这类作物反而具有较低的劳动生产率，而粮食作物劳
动生产率较高是因为生产过程中使用了机械从而提高了劳动生产率。

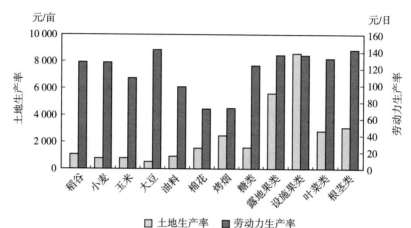

图 4-3 各农业产业单位面积土地生产率和劳动力生产率

数据来源：2005—2017 年《全国农产品成本收益资料汇编》。

从具体品种来看，设施果类蔬菜的土地生产率远远高于其他品种，为
8 624 元/亩，这是因为，一方面，设施对蔬菜生产条件的改善有利于产
出的增加，另一方面，设施蔬菜往往是生产一些反季节蔬菜，因此能够实
现更高的产值目标。此外，露地果类蔬菜的土地生产率也明显高于其他品
种，为 5 610 元/亩，这表明在各蔬菜品种中，果类蔬菜更具有土地生产
率的比较优势。劳动生产率方面，各蔬菜品种之间的差距并不大，最高的
为根茎类 141.80 元/亩，最低的为叶菜类 131.59 元/亩，因此可以看出，
虽然各类蔬菜投入产出方式有较大差别，但最终劳动力生产率水平较为
相似。

图 4-4 展示了各农业产业单位面积物质费用生产率即资本回报率和
化肥生产率的对比情况。从物质费用生产率来看，各类作物之间较为接
近，其中粮食作物的物质费用生产率最低，为 2.83 元/元，即每 1 元的物
质费用投入可以带来 2.83 元的产值回报，其次为经济作物，为 3.22 元/
元，蔬菜作物最高，为 4.69 元/元，因此可以看出，从资本回报率来看蔬

菜作物更具有比较优势。从化肥生产率来看，各类作物之间相差较大，其中粮食作物和经济作物水平相当，分别为45.44元/千克和54.61元/千克，而蔬菜的化肥生产率远高于其他两类作物，为120.61元/千克。这表明蔬菜生产中单位化肥投入带来的产值更高，可见实现同样水平的产值时蔬菜产业由化肥带来的环境负担最小。

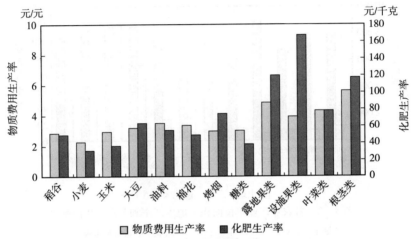

图4-4 各农业产业单位面积物质费用生产率和化肥生产率

数据来源：2005—2017年《全国农产品成本收益资料汇编》。

从具体的品种来看，根茎类蔬菜和露地果类蔬菜的物质费用生产率最高，分别为5.62元/元和4.84元/元，高于其他两类作物和其他蔬菜品种，由此可见从资本投入的角度来看，根茎类蔬菜和露地果类蔬菜更有效率优势。化肥生产率方面，设施果类蔬菜远远高于其他蔬菜品种，为167.12元/千克，这表明在设施蔬菜生产的过程中化肥投入更能够得到有效的利用从而转变为尽可能多的产值；其次是露地果类蔬菜和根茎类蔬菜，化肥生产率分别为119.67元/千克和117.53元/千克，由此可见露地果类蔬菜和根茎类蔬菜生产在资本和化肥的利用方面具有相似的效率水平。

4.3.2 技术效率和全要素生产率对比

单要素生产率的效率评价结果表明蔬菜生产在各类主要投入要素的生

产率方面均具有一定的优势。单要素生产率的对比虽然可以直观反映某一要素使用的效率情况，但农业生产过程是一个多要素之间相互配合协调发挥作用的复杂过程，因此全面的生产效率评价应当考虑到要素之间的相互配合。另外，从动态的角度来看，不论是外生技术进步还是生产者对当前技术的运用都处于不断变化的过程中，从时间角度评价生产效率的变化趋势对于理解生产效率的发展特点具有重要意义。因此，下文将通过基于SBM的技术效率和全要素生产率评价指标对各类农产品生产的技术效率进行测算和对比。

（1）基于 SBM 的技术效率和全要素生产率模型

传统 DEA 模型的优化由于存在方向性的问题而无法考虑非径向"松弛变量"对效率值的影响，因此对效率值的测度是不准确的。为了解决这一问题，Tone（2001）提出了基于投入、产出松弛变量的效率评价模型（Slack-Based Measure，简称 SBM 模型）。沿用环境生产函数中对各变量的定义，对于第 t 期第 i 个 DMU，利用 SBM 模型对技术效率的衡量可表示为：

$$\min \rho = \frac{1 - \frac{1}{M}\sum_{m=1}^{M} s_m^x / x_{im}}{1 + \frac{1}{K}\sum_{k=1}^{K} s_k^y / y_{ik}}$$

$$\text{s. t. } \sum_{n=1}^{N} \lambda_n^t x_{nm}^t + s_m^x = x_{im}^t, \forall m;$$

$$\sum_{n=1}^{N} \lambda_n^t y_{nk}^t + s_k^y = y_{ik}^t, \forall k; \qquad (4-1)$$

$$\lambda_n^t \geqslant 0, \forall n;$$

$$s_m^x \geqslant 0, \forall m;$$

$$s_k^y \geqslant 0, \forall k$$

其中，（s_m^x，s_k^y）代表投入和产出的松弛向量，是实际产出或投入与生产前沿面上最优生产点之间的差距。λ_n^t 代表每个观测值的权重，当满足 $\sum_{n=1}^{N} \lambda_n^t = 1$ 时规划的最优解代表了规模报酬可变假设下的技术效率，即 TE_V；相反，当放松约束条件时，规划的最优解代表了规模报酬不变假设下的技术效率，即 TE_C。规模报酬不变假设下的技术效率是包含了生产中规模因素的综合技术效率，而规模报酬可变假设下的技术效率是在排除了规模因素，即假定实际生产点所对应的前沿生产点均处于最优生产规模情况下测算的技术效率，衡量的是生产中与要素利用程度和技术应用能力有关的效率，被称为纯技术效率。因此，两类技术效率之间的差距可以表示为实际生产规模与最优生产规模之间的差距，即规模效率可以定义为：

$$SE = \frac{TE_C}{TE_V} \qquad (4-2)$$

根据 Fukuyaman 和 Weber（2009）的研究，式（4-1）的对偶问题是求解最大化的方向性距离函数，即基于 SBM 的方向性距离函数可以表示如下：

$$\vec{S}(x^{t,k'}, y^{t,k'}, g^x, g^y) = \max_{s^x, s^y, s^z} \frac{\frac{1}{N}\sum_{n=1}^{N}\frac{s_n^x}{g_n^x} + \frac{1}{M}\sum_{m=1}^{M}\frac{s_m^y}{g_m^y}}{2}$$

$$\text{s. t. } \sum_{k=1}^{K} z_k^t x_{kn}^t + s_n^x = x_{k'n}^t, s_n^x \geqslant 0, \forall n;$$

$$\sum_{k=1}^{K} z_k^t y_{km}^t - s_m^y = y_{k'm}^t, s_m^y \geqslant 0, \forall m; \qquad (4-3)$$

$$\sum_{k=1}^{K} z_k^t = 1, z_k^t \geqslant 0, \forall k$$

其中 $(x^{t,k'}, y^{t,k'})$ 是第 k' 个 DMU 第 t 期的投入和产出向量，(g^x, g^y) 表示期望产出扩张和投入压缩的方向向量。(s_n^x, s_m^y) 分别代表投入、期望产出的松弛变量，表示生产要素的过度投入和实际期望产出的不足。根据式（4-3）求解的方向性距离函数，可以构建如下 Malmquist 生产率指数以反映全要素生产率的变动：

$$ML_t^{t+1} = \left[\frac{1+\vec{S}^t(x^t, y_t; g^x, g^y)}{1+\vec{S}^t(x^{t+1}, y^{t+1}; g^x, g^y)} \times \frac{1+\vec{S}^{t+1}(x^t, y^t; g^x, g^y)}{1+\vec{S}^{t+1}(x^{t+1}, y^{t+1}; g^x, g^y)}\right]^{1/2}$$

$$(4-4)$$

其中全要素生产率的变动可以分解为技术效率改进（TEC）和技术进步（TC）：

$$ML_t^{t+1} = TEC_t^{t+1} \times TC_t^{t+1} \qquad (4-5)$$

$$TEC_t^{t+1} = \frac{1+\vec{S}^t(x^t, y^t; g^x, g^y)}{1+\vec{S}^{t+1}(x^{t+1}, y^{t+1}; g^x, g^y)} \qquad (4-6)$$

$$TC_t^{t+1} = \left[\frac{1+\vec{S}^{t+1}(x^t, y^t; g^x, g^y)}{1+\vec{S}^t(x^t, y^t; g^x, g^y)} \times \frac{1+\vec{S}^{t+1}(x^{t+1}, y^{t+1}; g^x, g^y)}{1+\vec{S}^t(x^{t+1}, y^{t+1}; g^x, g^y)}\right]^{1/2}$$

$$(4-7)$$

（2）数据来源与变量设定

根据《全国农产品成本收益资料汇编》的分类，下文将选取早籼稻、中籼稻、晚籼稻、粳稻、小麦、玉米、大豆等7类粮食作物，花生、油菜籽、棉花、烤烟、甘蔗、甜菜等6类经济作物，露地番茄、设施番茄、露地黄瓜、设施黄瓜、露地茄子、设施茄子、露地菜椒、设施菜椒、圆白菜、大白菜、萝卜等11类蔬菜作物作为DMU进行技术效率和全要素生产率的评价。根据不同作物生产过程中产出的可比性以及投入要素的类别，将产出变量设定为每亩产值，投入变量设定为每亩物质费用、每亩劳动力投入工日、每亩土地成本3类。考察的时间区间为2004—2016年，其中对于投入产出中的金额计量的变量采用《中国统计年鉴》中2004—2016年各类农业生产资料价格指数数据、《中国农产品价格调查年鉴》中2004—2015年各类农产品生产者价格指数数据以及《中国农村统计年鉴》中2016年各类农产品生产者价格指数数据，以2004年为基期进行平减以剔除价格变动的影响。

在计算技术效率时，为了区分不同农产品生产技术效率损失的结构，将技术效率（TE）变动分解为纯技术效率变动（PTE）和规模效率（SE）变动，其中纯技术效率变动为在忽略了规模报酬的前提下进行的效率评价，反映了技术应用的水平和管理的水平。而规模效率反映了当前所处生产规模与最优规模之间的差距，反映了当前生产规模的适应性。

4.3.3 蔬菜生产技术效率和全要素生产率的产业比较分析

表4-1反映了各类农产品生产技术效率及其分解项得分情况。可以看出，蔬菜生产技术效率平均得分最高，为0.884 7，其次是粮食作物，为0.708 4，经济作物的技术效率得分最低，为0.614 0，可见蔬菜生产在整体资源配置水平方面具有较为显著的优势。全部作物中技术效率有效的

品种有 4 种，一种是粮食作物的粳稻，其余三种均为蔬菜作物，分别是露地番茄、设施黄瓜和萝卜，这表明设施果类蔬菜和根茎类蔬菜生产的资源配置水平更为有效。从技术效率的分解来看，纯技术效率整体水平较高，其中粮食作物的平均纯技术效率值为 0.958 6，蔬菜作物为 0.919 8，经济作物为 0.794 0，整体均高于技术效率水平，由此可见，三类作物均存在由经营规模不适带来的生产效率的损失。规模效率方面，蔬菜作物最高，为 0.960 8，其次是经济作物，为 0.791 8，粮食作物为 0.736 5，这表明粮食作物生产中虽然技术和管理的应用效果较好，但经营规模的不适大大限制了技术效率的提高。而对于蔬菜作物来说，现有经营规模相比其他两类作物更有优势，但技术和管理方式的应用是主要的限制因素。对于经济作物来说，同时存在技术和管理方式应用不足和生产经营规模不适的问题。

表 4 - 1　各类农产品生产技术效率及其分解

	品种	技术效率	纯技术效率	规模效率
粮食作物	早籼稻	0.593 2	0.911 8	0.650 5
	中籼稻	0.677 8	1.000 0	0.677 8
	晚籼稻	0.633 0	0.962 8	0.657 5
	粳稻	1.000 0	1.000 0	1.000 0
	小麦	0.738 2	1.000 0	0.738 2
	玉米	0.584 7	0.835 6	0.699 7
	大豆	0.731 8	1.000 0	0.731 8
	平均	**0.708 4**	**0.958 6**	**0.736 5**
经济作物	花生	0.653 8	0.877 7	0.744 9
	油菜籽	0.459 3	1.000 0	0.459 3
	棉花	0.576 6	0.666 7	0.864 8
	烤烟	0.504 9	0.553 0	0.912 9
	甘蔗	0.569 5	0.684 4	0.832 1
	甜菜	0.920 0	0.982 3	0.936 5
	平均	**0.614 0**	**0.794 0**	**0.791 8**

（续）

品种	技术效率	纯技术效率	规模效率
露地番茄	1.000 0	1.000 0	1.000 0
设施番茄	0.911 3	1.000 0	0.911 3
露地黄瓜	0.925 3	0.947 4	0.976 6
设施黄瓜	1.000 0	1.000 0	1.000 0
露地茄子	0.897 8	0.933 5	0.961 8
设施茄子	0.919 0	0.964 4	0.952 9
露地菜椒	0.801 1	0.839 8	0.954 0
设施菜椒	0.775 5	0.775 5	1.000 0
圆白菜	0.722 5	0.799 6	0.903 6
大白菜	0.779 1	0.857 6	0.908 5
萝卜	1.000 0	1.000 0	1.000 0
平均	**0.884 7**	**0.919 8**	**0.960 8**

（蔬菜作物）

数据来源：根据 SBM 模型测算整理得到。

将各类农产品生产的纯技术效率和规模效率绘入坐标系中，可以看出各品种农产品生产技术效率的分布情况。由图 4-5 可以看出，除了有效的农产品品种外，其余农产品品种的分布也呈现出一定的规律。其中，露地黄瓜、设施茄子、露地茄子和设施番茄等规模效率和纯技术效率均达到0.9 以上，属于技术效率的第一类作物，而同时处于这一类的其他品种仅有甜菜。第一类作物属于技术效率水平高且发展平衡的作物，虽然并不是完全有效的 DMU，但已十分接近。大多数蔬菜作物属于第一类作物和技术有效的作物。第二类作物包括棉花、甘蔗、圆白菜、大白菜、烤烟、露地菜椒、设施菜椒，包括一部分蔬菜作物和大多数经济作物。这 7 类作物的规模效率高于纯技术效率，因此对于这些农产品，需要通过提高当前技术的应用水平和改善生产管理的方式达到提高生产技术效率的目的。第三类作物包括花生、玉米、早籼稻、晚籼稻、中籼稻、大豆、小麦、油菜籽，大多数粮食作物属于这一类作物。这 8 类作物规模效率低于纯技术效率，因此对于这些农产品来说从生产规模改善的角度入手进行效率的提升能够达到更好的效果。

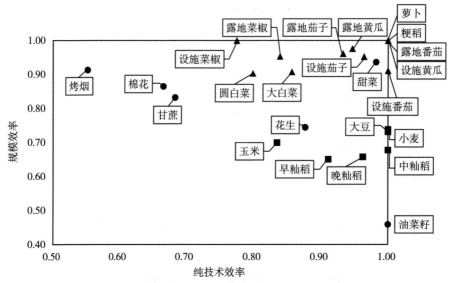

图4-5 各类农产品生产技术效率分解分布图

数据来源：根据 SBM 模型测算整理得到。

下面利用基于 SBM 的方向性距离函数构建对全要素生产率变动的衡量指数对各类农产品生产效率的时间变动特征进行评价。根据投入产出的特点，下文将粮食作物与经济作物作为一类，蔬菜作物单独为一类进行全要素生产率的评价。

粮食作物与经济作物的全要素生产率指数及其分解的变动趋势如图4-6所示。由图4-6可知，2004—2012 年粮食及经济作物的全要素生产率指数整体处于略高于 1 的位置，这一阶段年均增长率为 2.35%，呈现缓慢增长的趋势，但 2012 年之后落到 1 以下，并呈现在 1 附近小幅度波动的趋势。由此可见，粮食及经济作物全要素生产率指数存在先缓慢增长，后逐渐下降并收敛于 1 的趋势。从全要素生产率指数的分解来看，2004—2012 年技术进步率大于 1，年均增长率为 2.0%，同时期技术效率的年均增长率为 0.35%，同时，全要素生产率的变动趋势与技术进步的变动趋势相对一致，因此这一时期全要素生产率的正向发展主要靠技术进步的拉动。2012 年之后，技术进步率接近 1，技术效率进步率为 0.98，且这一时期全要素生产率的波动更接近技术效率的波动，因此，这一阶段技术效率的损失是阻碍全要素生产率增长的主要原因。从整个时期的累积变动来看，2004—2016 年粮食及经济作物全要生产率提高 9.6%，其中技术效率进步率为－3.7%，技术进步率为 13.81%，可见整个考察期内技术进步对全要素生产率产生了较大的带动作用。

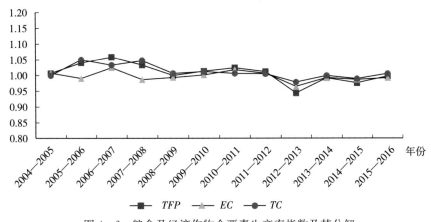

图 4-6　粮食及经济作物全要素生产率指数及其分解

数据来源：根据基于 SBM 的 Malmquist 生产率指数模型测算结果整理所得。

图 4-7 展示了蔬菜作物全要素生产率指数及其分解的变动趋势。从整体上来看，蔬菜作物的全要素生产率指数波动幅度比粮食作物大，说明虽然个别年份蔬菜作物的全要素生产率进步较快，但总体并不稳定。具体来看，2004—2008 年为蔬菜作物全要素生产率指数剧烈波动的阶段，变动幅度从 14.25% 到－12.70%，年均变动率为 0.57%，即全要素生产率几乎保持不变。2008—2013 年为缓慢变动阶段，这一阶段全要素生产率变动趋于缓慢，变动幅度不超过 ±5%，这一阶段全要素生产率也实现了缓慢的增长，年均增长率为 1.99%。2013 年之后蔬菜作物全要素生产率指数开始呈现负向增长，年均全要素生产率指数为 0.97。从全要素生产率指数的分解可以看出，剧烈波动阶段技术效率和技术进步的变动十分相似，也正是因为两个分项的同步波动造成了全要素生产率指数的剧烈变动。2008 年以后技术效率和技术进步开始反向变动，但从变动趋势来看，全要素生产率指数与技术效率的变动比较相似，因此，技术效率对全要素生产率波动的贡献较大。另外，2008 年以后技术进步率基本保持在 1 以

上，但存在缓慢下降的趋势，2013 年以后，蔬菜作物全要素生产率指数小于 1 也与技术进步逐渐接近 1 或略小于 1 的变动有关。因此可以看出，蔬菜作物全要素生产率变动的中短期波动主要受到技术效率变化的影响，而技术进步则对其长期发展趋势具有较大的影响。从累积变化的角度来看，蔬菜作物全要素生产率累积增长 1.03%，技术效率累积增长 −10.46%，技术进步累积增长 12.83%，因此整体来看，蔬菜作物全要素生产率的发展属于技术拉动型，蔬菜作物生产过程中对新技术和新管理方式的应用有所欠缺。通过与粮食和经济作物的对比可以看出，技术进步率相差较小，但由于技术效率的不足，造成全要素生产率增长率具有较大差距。

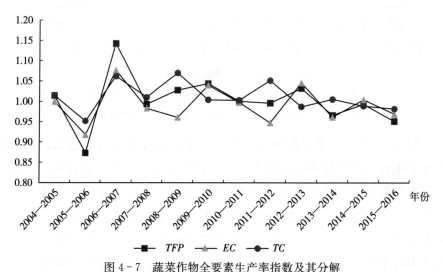

图 4-7　蔬菜作物全要素生产率指数及其分解

数据来源：根据基于 SBM 的 Malmquist 生产率指数模型测算结果整理所得。

4.4　本章小结

蔬菜产业作为农业产业中的一个重要部门，与其他农业产业之间存在技术共享、生产要素竞争的关系，为了能够从整个农业产业角度评价蔬菜生产效率，本章从成本收益、单要素生产率、技术效率和全要素生产率等四个方面对蔬菜与农业各主要产业的生产效率进行了对比分析，主要研究结论如下：

①粮食产业属于土地密集型产业，经济作物产业属于土地密集型和肥料密集型产业，而蔬菜产业体现出明显的劳动密集型和肥料密集型产业特点；与粮食作物及经济作物相比，蔬菜生产表现出明显的高投入高产出高回报率的特点；粮食与蔬菜作物的劳动生产率明显高于经济作物，设施果类和露地果类的土地生产率显著高于其他农产品；从资本回报率方面来看，蔬菜仅略高于粮食和经济类作物；从肥料生产率方面来看，蔬菜远高于粮食和经济作物，设施果类、露地果类以及根茎类蔬菜具有较高肥料生产率。

②从技术效率角度来看，蔬菜作物的资源配置水平最高，其次是粮食，最后是经济作物；从技术效率的分解角度来看，对于蔬菜作物来说，技术和管理方式的应用水平有限是限制其技术效率进步的主要因素，对于粮食作物来说，生产经营规模的不适应是具技术效率进步的限制因素，而经济作物的技术效率受到以上两方面因素的共同限制；从具体品种来看，大多数蔬菜作物属于发展平衡型，大多数经济作物属于规模效率拉动型，粮食作物则大多属于纯技术效率拉动型。

③2004—2016年全国粮食和经济作物 TFP 在技术进步的拉动下整体略微有所增长，分阶段来看，以 2012 年为界限呈现出不同的变化趋势，2012 年以前有相对较为明显的缓慢增长趋势，2012 年之后逐渐回落并收敛于 1；2004—2016 年全国蔬菜作物 TFP 变动幅度相对较大，2008 年以前在大涨大跌的剧烈波动中呈现一定程度的增长，2008—2013 年蔬菜 TFP 变动趋缓，呈现缓慢增长趋势，2013 年之后变动幅度进一步收紧，并以略低于 1 的变动率缓慢下降。

5　蔬菜生产效率的品种比较分析

从农业产业角度进行效率评价侧重于蔬菜整体与其他农业产业的比较分析。从蔬菜产业内部来看，我国蔬菜种植历史悠久，蔬菜品种十分丰富，各品种的生产过程对自然条件和要素投入的要求存在较大差异。另外，随着农业技术发展，设施蔬菜成为蔬菜产业的重要板块，设施蔬菜产量占蔬菜总产量的 30.5%（2016 年），成为蔬菜周年供应的重要保障。设施蔬菜生产与露地蔬菜生产相比，对自然条件和要素投入的要求也有较大差异。各品种及生产方式下蔬菜生产的资源分布并不均衡，高资源禀赋能否与高生产效率匹配实现总产出的最大化反映了资源配置的整体水平。因此，不同品种和生产方式下蔬菜生产效率的表现是否存在差异，以及各品种蔬菜效率优势区与资源优势区之间的匹配程度如何是值得探讨的问题。

已有对蔬菜生产效率评价的研究大多选取某一种或一类蔬菜品种进行测算分析，如张标等（2016）以全国 30 个省市的黄瓜和茄子生产为例，对我国蔬菜生产基于产值评价的技术效率及其变动和区域差异进行了分析。左飞龙和穆月英（2013）以露地番茄为例探究了时间维度下的蔬菜生产效率变动及其分解。杨键（2010）则对萝卜生产的全要素生产率进行了测算分析。孔祥智等（2016）以设施番茄为例，基于产量评价对全国设施蔬菜的技术效率及收敛性进行了分析。鲁强（2017）将 10 种蔬菜分为设施蔬菜和露地蔬菜两大类，基于产值评价对全国不同规模大中城市蔬菜生产的技术效率进行了对比分析。已有研究虽然考虑到不同品种蔬菜的生产差异，但往往利用某一品种或某几个品种的平均作为代表，难以反映不同品种蔬菜生产效率的差异。同时，对各品种效率水平评价仅局限于效率值高低的对比，忽略了效率与资源匹配所反映出的综合资源配置水平对比。另外，从生态环境角度来看，蔬菜生产属于高度集约化生产模式，生产过程中带来的环境污染问题不容忽视，因此，在评价蔬菜生产效率时忽略环境污染问题的分析往往是不全面的。

综上，在对蔬菜生产效率的评价中考虑不同品种蔬菜生产过程的差异，并对不同品种蔬菜的生产效率差异加以区分和对比分析具有重要意义。另外，效率与资源的匹配程度能够反映出蔬菜生产的综合资源配置水平。最后，在农业生产污染问题日益严重的今天，在对蔬菜生产效率的评价中纳入环境污染因素更能反映出在发展资源和生态环境双重约束下蔬菜生产的潜力。而考虑蔬菜中不同种类效率对比，结合效率与资源匹配的资源配置水平的综合评价以及效率评价中纳入环境污染因素的研究尚属少见。因此，本章根据蔬菜生产的特征将常见蔬菜分为露地果类、设施果类、叶菜类和根茎类等四大类，在考虑蔬菜生产环境污染问题的基础上对四类主要蔬菜品种的经济生产效率和环境生产效率进行评价，并从效率与资源的匹配度角度对各类蔬菜综合资源配置水平进行对比分析。

5.1 蔬菜生产的品种多样性与特性差异

我国蔬菜种类繁多，目前我国蔬菜品种总数达到 140 多个，常见的蔬菜供应品种约有 50 种。其中我国普遍栽培的蔬菜约有 20 多个科，而常见的蔬菜集中在十字花科、伞形科、茄科、葫芦科、豆科、百合科、菊科、藜科等 8 科中。根据食用部位的不同，可以将常见的蔬菜品种归纳为果菜类、根菜类和叶菜类。果菜类的食用部位是植物的生殖器官，主要包括瓜类、茄果类和菜豆类；根菜类的食用部位主要是植物的肉质直根或者茎部位，主要包括根菜类和茎菜类；叶菜类的食用部位主要为植物的叶片、叶柄或嫩茎，主要包括白菜类、绿叶菜类、葱韭类、芽菜类等几大类。由于不同种类蔬菜的学科属不同，食用部位也不同，其生产过程具有较大差异，这些差异主要体现在蔬菜作物生长过程中光照、温度、生产周期以及施肥方法等方面。

按蔬菜对光照条件需求的差别可以将蔬菜分为三类：短日植物、长日植物以及中日性植物。顾名思义，短日植物为对光照时长要求较短的作物，这类作物在 14 小时以下的光照条件下能够迅速开花结实，少数叶菜类品种属于这一类植物；长日植物对光照时长的要求通常在 14 小时以上，大多数叶菜类作物以及根茎类作物均属于这一类；中日性植物是指对日照时长要求不严格，在较长或较短日照条件下都能开花的植物，绝大多数果类菜属于这一类植物。

按蔬菜生长对温度的要求可以将蔬菜分为四类：耐寒蔬菜、半耐寒蔬菜、喜温蔬菜以及耐热蔬菜。其中耐寒蔬菜是指适宜生长温度在 15～20℃，耐寒最低温度达到−5℃的蔬菜品种，包括菠菜、葱蒜类蔬菜；半耐寒蔬菜是指适宜生长温度在 17～20℃，耐寒最低温度为−2℃的蔬菜，根茎类蔬菜以及叶菜类中的白菜类属于这一类型；喜温蔬菜是指适宜生长温度为 20～30℃，耐热最高温度为 35℃的蔬菜，茄果类、菜豆类以及黄瓜均属于这一类型；耐热蔬菜是适宜生长温度在 25～35℃，耐热最高温度达到 40℃的蔬菜，冬瓜、南瓜、西瓜、豇豆等品种属于这一类型。

从蔬菜生产周期来看，叶菜类蔬菜普遍生产周期较短，通常在 30～50 天；根茎类蔬菜生产周期略长，为 2～4 个月；而果菜类蔬菜的生产周期一般在 4～5 个月。从施肥方法来看，施肥的种类、施肥的精细程度以及施肥的时期都与蔬菜作物的生长快慢、根系发育特点以及蔬菜产品的食用部位有关（张有铎、朱晓玲，2016）。从蔬菜品种分类来看，果菜类蔬菜由于食用部位为果实，生产周期较长，因此施肥需要满足"基肥足、追肥早、结实期化肥重"的原则，以促进果实的形成和生长；根茎类蔬菜在生长过程中需要依赖植株叶片的生长从而为后期植根和茎的迅速生长提供养分，因此根茎类蔬菜生产施肥的重点在于基肥和早期追肥的施用；叶菜类由于生长迅速，生产周期较短，因此叶菜类蔬菜生产过程中适宜以追肥为主施以速效性氮肥，以促进植株叶片的迅速生长（陈茂春，2005）。

蔬菜生产过程的差异除与蔬菜品种有关以外，还与蔬菜生产方式有关。随着我国蔬菜周年供应需求的不断增加，设施蔬菜生产规模不断扩大。2016 年我国设施蔬菜面积达到 5 872.1 万亩，设施蔬菜产量 2.52 亿吨，占全国蔬菜总产量的 30.5%。设施蔬菜与露地蔬菜生产的差异主要也体现在光照、温度、湿度、生产周期以及施肥方式等方面。首先，设施蔬菜的生产对外界光照、温度、湿度等的要求相较于露地蔬菜更为宽松，大棚和温室能够在一定程度上将设施内温度湿度等保持在适宜蔬菜生产的范围内，同时还能够为蔬菜生产补充光照。由于设施能够为蔬菜提供相对更为适宜的生长条件，因此相同品种的蔬菜在设施中的生长往往较快，从而缩短了生产周期。在施肥方面，设施蔬菜较宜施用有机肥，以防止化肥残留造成土壤盐类积累妨碍作物生长（罗君英，2009）。最后，从生产成本来看，设施蔬菜由于设施的使用而大大增加了生产成本，设施使用费用是构成设施蔬菜生产成本的重要部分。

从以上分析中可以发现，不同种类蔬菜以及不同蔬菜生产方式对自然环境条件以及生产技术的需求都有差异，而整体来看果菜类、根茎类、叶菜类蔬菜品种以及露地与设施蔬菜生产方式之间差别较大。目前我国设施蔬菜主要品种为辣椒、番茄、黄瓜、茄子等果类蔬菜，其中番茄、黄瓜和茄子三个品种蔬菜设施种植比例较高，分别为57.2%、47.85%和58.3%（2016年）。因此，下文将选择露地果类、根茎类、叶菜类以及设施果类作为研究对象，对比不同种类蔬菜以及不同生产方式下的蔬菜生产效率的差异。

5.2 模型构建与数据来源

5.2.1 SBM方向性距离函数的构建

在评价蔬菜生产效率的过程中考虑环境污染问题对于客观评价蔬菜生产潜力具有重要意义。为了将环境污染纳入蔬菜技术效率评价框架，需要建立农业生产的环境技术模型并基于此采用SBM方向性距离函数测算技术效率。下文将构建农业生产的环境技术模型和SBM方向性距离函数，着重对不同种类蔬菜生产的经济技术效率和环境技术效率进行对比分析。

（1）农业生产的环境技术模型

在现代农业生产过程中，除了得到"期望产出"或"好产出"以外还可能产生一些不受欢迎的副产品，如化肥农药污染、畜禽养殖污染、农田固体废弃物等，这些副产品被称为"非期望产出"或"坏产出"。Färe 等（2007）构建了一个既包括"好产出"又包括"坏产出"的环境生产集合，该集合反映了包括"坏产出"在内的产出与投入资源之间的技术结构关系。假设有 N 个 DMU，每个 DMU 有 M 种投入 $x = (x_1, x_2, \cdots, x_M) \in R_M^+$、$K$ 种期望产出 $y = (y_1, y_2, \cdots, y_k) \in R_K^+$ 和 L 种非期望产出 $b = (b_1,$

$b_2,\cdots,b_L)\in R_L^+$，则 t 时期（$t=1,\cdots,T$）第 $n(n=1,\cdots,N)$ 个 DMU 的投入产出值可表示为 (x_n^t,y_n^t,b_n^t)。可以定义包含非期望产出的生产可能集为：

$$P(x)=\{(y,b):x\ can\ produce(y,b)\},x\in R_+^N \quad (5-1)$$

该生产可能性集满足闭集和有界集、期望产出和投入为可自由处置、非期望产出具有弱可处置性以及零结合的假设。在这一生产集基础上，可将环境生产技术模型化为环境生产函数：

$$F(x;b)=\max\{y:(y,b)\in P(x)\} \quad (5-2)$$

对于第 i 个 DMU 第 t 期的期望产出可以表示为：

$$F(x_i^t;b_i^t)=\max\sum_{n=1}^{N}\lambda_n^t y_{nk}^t$$

$$s.\,t.\ \sum_{n=1}^{N}\lambda_n^t b_{nl}^t\leqslant b_l^t,\forall\,l;$$

$$\sum_{n=1}^{N}\lambda_n^t x_{nm}^t\leqslant x_m^t,\forall\,m; \quad (5-3)$$

$$\sum_{n=1}^{N}\lambda_n^t\geqslant 0$$

式（5-3）中 λ_n^t 是强度变量，表示时期 t 每个观测值在构造环境生产函数中的权重。当不对权重之和给予约束条件时代表环境生产函数满足规模报酬不变（Constant Return to Scale，CRS）的假设；当给予其约束条件 $\sum_{n=1}^{N}\lambda_n^t=1$，则代表环境生产函数满足可变规模报酬（Variable Return to Scale，VRS）的假设。

（2）基于环境技术的 SBM 方向性距离函数

针对包含非期望产出的效率评价问题，Tone（2004）在一般 SBM 的基础上又提出了可以综合考虑期望产出和非期望产出多方向优化的 SBM 效率评价模型。对于第 t 期第 i 个 DMU，利用 SBM 模型对其包含非期望产出的环境技术效率的衡量可表示为：

$$\min\rho=\frac{1-\dfrac{1}{M}\sum_{m=1}^{M}s_m^x/x_{im}^t}{1+\dfrac{1}{K+L}(\sum_{k=1}^{K}s_k^y/y_{ik}^t+\sum_{l=1}^{L}s_l^b/b_{il}^t)}$$

$$\text{s. t. } \sum_{n=1}^{N} \lambda_n^t x_{nm}^t + s_m^x = x_{im}^t, \forall m;$$

$$\sum_{n=1}^{N} \lambda_n^t y_{nk}^t + s_k^y = y_{ik}^t, \forall k;$$

$$\sum_{n=1}^{N} \lambda_n^t b_{nl}^t + s_l^b = b_{il}^t, \forall l; \qquad (5-4)$$

$$\lambda_n^t \geqslant 0, \forall n;$$

$$s_m^x \geqslant 0, \forall m;$$

$$s_k^y \geqslant 0, \forall k;$$

$$s_l^b \geqslant 0, \forall l$$

其中，s_m^x、s_k^y、s_l^b 分别代表投入要素的冗余、期望产出的不足和非期望产出的冗余。与经济技术效率的 SBM 衡量一样，根据对 λ_n^t 的不同假设可以将环境技术效率分为不变规模报酬下的综合技术效率和可变规模报酬下的纯技术效率，并且根据两者的差异可以得到与生产规模相关的规模效率值。与经济技术效率相似，环境技术效率的效率损失来源可以分为三部分（Cooper 等，2007），分别为投入要素的可缩减比例 $IE_x = \frac{1}{M}\sum_{m=1}^{M} s_m^x / x_{im}$、期望产出的可扩张比例 $IE_y = \frac{1}{K+L}\sum_{k=1}^{K} s_k^y / y_{ik}$ 以及非期望产出的可缩减比例 $IE_b = \frac{1}{K+L}\sum_{l=1}^{L} s_l^b / b_{il}$，并可据此得到各效率损失来源对效率总损失的贡献率，以对比各来源可改善的相对程度。

5.2.2 变量设定及数据来源

（1）变量设定和数据来源

蔬菜生产的经济技术效率是对蔬菜生产发展中资源的充分利用和产出增长的综合反映。而蔬菜生产的环境技术效率反映了资源充分利用、产出增长以及环境保护三者的统筹协调发展情况。本章所用数据主要来自2012 年至 2016 年《全国农产品成本收益资料汇编》中 2011 年至 2015年的全国各省市蔬菜生产数据。由于不同蔬菜种类生产过程有一定差别，为了清晰全面地对不同蔬菜生产技术效率进行评价，同时根据最大化各类蔬菜生产省份数的原则,本章选取露地番茄和露地黄瓜作为露地果类蔬菜的代表,大白菜和圆白菜作为叶菜类蔬菜的代表,萝卜作为根茎类蔬菜的代表。同时,由于露地和设施蔬菜生产方式有较大差别,因此同时选择设施番茄和设施黄瓜作为设施果类蔬菜的代表。最终露地果类蔬菜和设施果类蔬菜生产的省份 DMU 均为 21 个,叶菜类省份 DMU为 23 个,根茎类省份 DMU 数为 19 个。值得指出的是,虽然技术效率是在一定技术水平假设下从静态角度对蔬菜生产效率的评价,但由于蔬菜生产受自然、社会经济等各方面影响较大,单一年份数据的测算结果准确性容易受到异常外部环境因素的影响,因此本章选择 2011 年至2015 年五年的蔬菜生产数据进行生产效率评价,以期获得更为稳健的结果。

根据蔬菜生产投入产出的过程并参考以往相关研究,下文将在蔬菜生产的经济技术效率和环境技术效率测算中从劳动、资本和土地三个方面选取投入指标。其中选择劳动力工日为劳动投入;选择土地成本作为土地投入,包括土地租金和自有土地的租金折价;选择物质与服务费用作为资本投入,其中包含了化肥、农药、农膜、机械等各方面资本化投入。在产出指标选择方面,由于不同蔬菜价格相差较大,且本研究主要关注蔬菜产出供给的潜力评价,因此选择各类蔬菜的产量为经济技术效率的产出变量和环境技术效率的期望产出。蔬菜生产过程中所产生的环境影响主要是指污染物的排放,借鉴 Chung(1997)等的思路,本研究将环境污染作为一种非期望产出,而环境污染主要是选择农业面源污染等标排放量为指标。

(2)非期望产出的计算

农业生产过程中造成的面源污染很难量化,参考已有文献,本研究采用单元调查法对进入水体的总氮(TN)和总磷(TP)两大类农业面源污染排放物进行核算。单元调查法的主要思路是在识别农业面源污染来源的基础上对各来源的 TN 和 TP 污染物排放量进行折算。考虑到蔬菜生产中污染物排放的实际情况,选取农田化肥和农田固体废弃物两类产污单元,并根据数据的可获得性构建农业面源污染等标排放量的产出单元,如表 5-1 所示。

表 5 - 1　蔬菜生产面源污染核算单元

污染来源	调查单元	调查指标	单位
农田化肥	氮肥、磷肥施用	施用量（折纯）	千克
农田固体废弃物	蔬菜	总产量	千克

具体的核算步骤是：首先通过各个单元农业面源污染产生的过程及规律确定排放系数；其次计算各个单元的农业面源污染排放量；最后对各单元农业面源污染物排放量进行加总，得到所在地区农业面源污染总值。农业面源污染负荷估算模型如下：

$$E = \sum_i SU_i \rho_i LC_i(SU_i, \eta_i, C) \qquad (5-5)$$

式中 E 为进入水系的农业面源污染物的排放量；SU_i 为单元 i 指标统计数；ρ_i 为单元 i 污染物的产物强度系数；SU_i 和 ρ_i 之积为农业污染物的产生量（产污量），即不考虑资源综合利用和管理因素时农业生产造成的最大潜在污染量，它包括进入水体和不进入水体以及被生态环境自我净化掉的三部分污染量；$LC_i(SU_i, \eta_i, C)$ 表示单元 i 污染物的总排放系数，它由单元特性（SU_i）、资源利用率（η_i）和环境特征（C）决定，C 主要有区域环境、降水、水温和各种管理措施对农业污染的综合影响（赖斯芸等，2004）。SU_i、ρ_i 和 $LC_i(SU_i, \eta_i, C)$ 三者之积为进入水体的污染量。

得到农业面源污染排放量后需要将其折算为农业面源污染等标排放量，计算方法如下：

$$PI = E/S \qquad (5-6)$$

其中 PI 为农业面源污染等标污染排放量，E 为之前计算所得到的农业面源污染排放量，S 为污染物排放评价标准。两类污染来源中农田化肥污染量等于化肥（氮肥、磷肥、复合肥）施用折纯量乘以总排放系数，排放系数按已有文献（陈玉成，2008；王鸿涌，2009；梁流涛，2009；葛继红，2012）口径计算。蔬菜固体废弃物产生系数见表 5 - 2，蔬菜固体废弃物养分含量及产污系数表见表 5 - 3，秸秆利用情况及相应排放率见表 5 - 4。

表 5-2　蔬菜固体废弃物产生系数

蔬菜种类	白菜	菠菜	西芹	生菜	青瓜	平均值
废弃物:果实	0.51	0.31	0.58	0.36	6.36	1.47

数据来源:在赖斯芸等(2004)文献基础上整理而得。

表 5-3　蔬菜固体废弃物养分含量及产污系数

污染物类别	养分含量(%)	产污系数(千克/吨)
总氮	0.18	0.92
总磷	0.09	0.45

数据来源:葛继红《江苏省农业面源污染及治理的经济学研究》。

表 5-4　秸秆利用情况及相应排放率

单位:%

项目		肥料	饲料	燃料	原料	焚烧	堆放
利用结构		31.9	13.2	33.9	5.8	7.2	8
对应利用方式下养分排放率	氮元素	15	0	0	0	0	50
	五氧化二磷	5	0	0	0	10	50

数据来源:葛继红《江苏省农业面源污染及治理的经济学研究》。

5.3　技术效率的测算及其来源分析

蔬菜生产是一个复杂的多投入过程,涉及各投入要素的合理配置,在考虑环境污染时还包括了追求产出和保护环境两个目标之间的平衡。因此为了能够全面反映蔬菜生产对资源的配置水平,本节将采用基于 SBM 的效率测算模型对以最大化产出为目标以及以平衡产出与环境保护为目标的两类技术效率进行测算。

5.3.1　各类蔬菜生产技术效率及其分解

利用 Matlab 软件计算我国蔬菜经济技术效率与考虑农业面源污染的环境技术效率,结果如表 5-5 所示。经济技术效率方面,露地果类蔬菜和设施果类蔬菜实际生产的投入产出与最优水平相差较小,两者综合技术效率水平分别为 0.707 和 0.806。叶菜类和根茎类蔬菜实际生产的投入产出水平与最优水平相差较大，两者综合技术效率分别为 0.630 和 0.629。从各类蔬菜有效 DMU 占比来看，设施果类生产有效 DMU 占比最大，这说明设施果类蔬菜整体生产技术效率水平最高。叶菜类有效 DMU 占比为 13.04%，说明叶菜类蔬菜生产 DMU 的效率分布呈现整体水平不高、DMU 之间差距较大的特征。环境技术效率方面，整体来看除叶菜类蔬菜以外，各类蔬菜环境技术效率绝对值均低于经济技术效率，表明与只考虑生产经济目标的情况相比，蔬菜实际生产投入产出水平与最优水平差距有所扩大，即实际生产中的环境污染问题较为严重，降低了蔬菜生产技术效率的评价水平。叶菜类蔬菜生产环境技术效率略高于经济技术效率，经过环境因素修正的最优投入产出水平与实际水平相对差距的缩小反映出环境污染问题并不是造成叶菜类蔬菜生产技术效率损失的最主要因素。从有效 DMU 比例来看，设施果类和叶菜类蔬菜均有增长，但同时技术效率水平并未有较大提高，表明在考虑环境污染问题后蔬菜生产 DMU 之间的效率差距进一步扩大。

表 5-5　各类蔬菜生产技术效率及其分解

	蔬菜品种	综合技术效率（CRS）	纯技术效率（VRS）	规模效率（SE）	有效 DMU 比例（%）
经济技术效率	露地果类	0.707	0.815	0.883	9.52
	设施果类	0.806	0.823	0.981	14.29
	叶菜类	0.630	0.693	0.936	13.04
	根茎类	0.629	0.777	0.829	5.26
环境技术效率	露地果类	0.660	0.810	0.815	9.52
	设施果类	0.762	0.795	0.957	23.81
	叶菜类	0.644	0.800	0.798	17.39
	根茎类	0.550	0.770	0.740	5.26

数据来源：根据基于环境技术模型的 SBM 模型测算结果整理得到。

从综合技术效率的分解来看，仅考虑产量目标时各类蔬菜生产的规模效率水平较高，均大于纯技术效率，表明蔬菜生产效率损失主要是由于蔬菜生产技术和管理水平不足，即在现有技术水平下对投入的利用率较低。

加入环境因素后，除叶菜类蔬菜外其余品种蔬菜纯技术效率和规模效率均有所下降，规模效率依然高于纯技术效率。叶菜类环境技术效率的分解中，纯技术效率与规模效率水平几乎相同，表明考虑环境技术效率的损失一方面来自蔬菜生产技术和管理水平不足，另一方面来自生产规模的不适应。

经济技术效率损失可以分解为产量不足和投入冗余的贡献，环境技术效率损失可以分解为产量不足、投入冗余和污染冗余三项的贡献，两类技术效率损失贡献率分解如图5-1所示。经济技术效率中，投入冗余是效率损失的主要贡献因素，占89.93%，而产出不足的贡献率为10.07%。环境技术效率损失中，环境污染贡献率为49.88%，投入贡献率为47.68%，产出贡献率仅为2.44%，因此在考虑环境因素后，环境污染的过度排放和生产要素的过度投入为造成效率损失的主要因素。

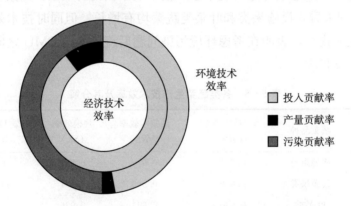

图5-1 蔬菜总体技术效率损失贡献率分解

数据来源：根据基于环境技术模型的SBM模型测算结果整理得到。

从不同种类蔬菜对比来看（图5-2），四类蔬菜经济技术效率损失中产量不足和投入冗余贡献比例较为一致，投入冗余贡献率水平均为90%左右。四类蔬菜环境技术效率损失构成相差较大，投入冗余方面叶菜类蔬菜贡献率最高，为55.25%，其次是根茎类与露地果类蔬菜，分别为49.35%和47.93%，设施果类最低，为38.19%，说明相较于其他品种，叶菜类蔬菜生产过程中生产要素的过度投入现象较为严重。产量不足的贡献率在四类蔬菜的生产效率损失中所占比例均不高，露地果类、设施果类、叶菜类和根茎类分别为 2.81%、1.79%、3.73% 和 1.44%。环境污染方面设施果类蔬菜贡献率最高，为 60.02%，露地果类与根茎类蔬菜贡献率基本持平，分别为 49.26% 和 49.21%，叶菜类蔬菜贡献率最低，为 41.02%，这可能是由于设施蔬菜生产集约化水平较高，导致生产过程中污染物的排放量较高。

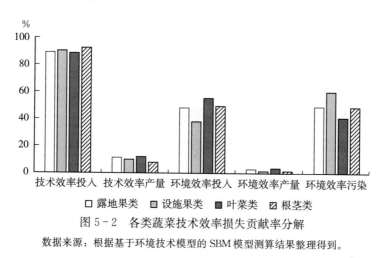

图 5-2 各类蔬菜技术效率损失贡献率分解

数据来源：根据基于环境技术模型的 SBM 模型测算结果整理得到。

5.3.2 蔬菜生产技术效率的空间分布特征

从全国蔬菜供给角度来看，蔬菜生产包含两方面，一是蔬菜生产的实际效率，二是蔬菜生产规模。只有当具有蔬菜生产规模优势的地区成为蔬菜生产效率优势区时，才能实现全国蔬菜生产资源的最大限度利用。因此在进行效率测算的基础上，应当对全国蔬菜生产规模优势区与效率优势产区之间的空间匹配程度进行分析，从而全面、客观地评价全国蔬菜生产潜力。

为了对比全国四类主要蔬菜品种生产的效率优势产区与实际生产规模的空间区域分布特征，本研究利用经济重心模型构建蔬菜生产经济技术效率、环境技术效率与蔬菜播种面积的经济重心，并在此基础上分析技术效率与播种面积的空间匹配性。经济重心模型的构建是基于力学中重心的概念，经济重心是区域空间中不同区域经济权重导致的拉力均衡点（刘凤朝，2013）。经济重心模型的构建原理如下：

假设某一区域由 n 个次级区域构成，则区域整体的经济重心坐标为：

$$X = \sum_{i=1}^{n} M_i \frac{x_i}{\sum_{i=1}^{n} M_i} \qquad (5-7)$$

$$Y = \sum_{i=1}^{n} M_i \frac{y_i}{\sum_{i=1}^{n} M_i} \qquad (5-8)$$

其中，X、Y 分别表示所研究区域经济重心的经度和纬度值，（x_i、y_i）为第 i 个次级区域的几何重心坐标，用各蔬菜生产省份省会的地理坐标表示；M_i 为其经济属性值，包括各省份蔬菜播种面积、蔬菜生产经济技术效率和环境技术效率。各年份蔬菜生产经济技术效率和环境技术效率重心相对于播种面积重心的方向和距离计算公式如下：

$$\theta_{s-k} = n\pi + \arctan\left(\frac{Y_s - Y_k}{X_s - X_k}\right), (n=0,1,2) \qquad (5-9)$$

$$D_{s-k} = C \times \left[(Y_s - Y_k)^2 + (X_s - X_k)^2 \right]^{1/2} \qquad (5-10)$$

式（5-9）中 θ 代表蔬菜生产技术效率重心相对于播种面积重心的方位角，θ 等于 0°、90°、180°或 270°时分别代表方向东、北、西和南。由此可以得到平面地理空间中相对于播种面积重心技术效率重心的方位；（Y_s，X_s）和（Y_k，X_k）分别代表播种面积重心和技术效率重心经纬度坐标，当 $X_k > X_s$ 且 $Y_k > Y_s$ 时 $n=0$，当 $X_k < X_s$ 时 $n=1$，当 $X_k > X_s$ 且 $Y_k < Y_s$ 时 $n=2$。式（5-10）中 D 代表蔬菜生产技术效率重心相对于播种面积重心的距离，其中 C 为将地理坐标单位转化为平面距离千米的系数，取 111.111。相对距离的远近反映了蔬菜生产技术效率优势区和规模优势区的空间匹配程度，相对距离越近说明匹配度越高，表明蔬菜生产发展布局合理、均衡，即蔬菜生产规模优势区是当前蔬菜生产技术的最佳实践者；反之则说明匹配程度低，蔬菜生产技术在蔬菜生产规模优势区的推广和应用不足，蔬菜产出仍有较大的提升潜力。

经济重心模型中所计算的经济效率与环境效率重心数据来自本章对各品种蔬菜计算得出的技术效率值，播种面积重心计算数据根据《中国农业统计资料》中各品种蔬菜播种面积以及《中国统计年鉴》中蔬菜总播种面积折算得到。

图 5-3 展示了全国露地果类蔬菜经济重心及其变动情况。从图中可

以看出 2011 年至 2015 年果类蔬菜播种面积重心先向东南方向转移，后以 2013 年为拐点开始向西南方向转移，2015 年果类蔬菜播种面积重心在 2011 年的西南方向。经济技术效率重心首先向西偏北方向转移，以 2012 年为拐点向东南方向转移，又以 2014 年为拐点向西南方向转移，最终 2015 年果类蔬菜经济技术效率重心处于 2011 年的西南方向。环境技术效率重心转移幅度在三类经济重心中最大，从 2011 年至 2015 年波动式向东南方向转移。

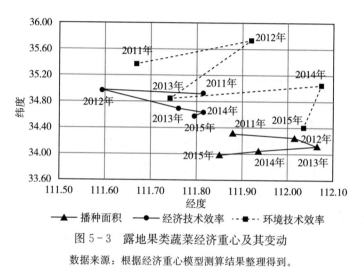

图 5-3　露地果类蔬菜经济重心及其变动
数据来源：根据经济重心模型测算结果整理得到。

　　表 5-6 展示了经济技术效率重心和环境技术效率重心相对于播种面积重心的方位和距离变动情况。从播种面积和经济技术效率重心的相对位置来看，考察期内虽然两类经济重心变动方向相反，但最终经济重心之间的相对距离和方向变动并不大，经济技术效率重心始终处于播种面积重心的西北方向，且虽在考察期内相对距离有所波动但基本保持在 70 千米左右，考察期平均相对距离为 73.19 千米。从播种面积重心与环境技术效率重心的相对位置来看，考察期初始阶段环境技术效率重心处于播种面积重心的西北方向，且相对距离较远，然而随着环境技术效率重心不断向东南方向移动，最终处于播种面积重心的东北方向，且相对距离减小到 50.87 千米（整个考察期平均相对距离为 107.80 千米）。因此，露地果类蔬菜环境技术效率与播种面积之间的不匹配程度大于经济技术效率，表现出环境保护型

技术在露地果类蔬菜生产规模优势区推广和应用的不足，而环境技术效率与播种面积之间不匹配程度的降低反映出这一不均衡状况在逐渐改善。

表 5-6　露地果类蔬菜技术效率重心相对于播种面积重心方向及距离

年份	经济技术效率		环境技术效率	
	相对方向	相对距离（千米）	相对方向	相对距离（千米）
2011	西北	68.06	西北	120.65
2012	西北	93.53	西北	166.61
2013	西北	72.05	西北	88.32
2014	西北	66.31	东北	112.53
2015	西北	66.00	东北	50.87

数据来源：根据经济重心模型测算结果整理得到。

图 5-4 展示了全国设施果类蔬菜各经济重心及其变动情况。设施果类蔬菜播种面积重心从 2011 年起不断向东偏南方向移动，以 2013 年为拐点开始向西南方向移动，2015 年该重心最终处于 2011 年的西南方向，且相对距离不远。可见设施果类蔬菜播种面积重心的波动主要是东西方向上的。与播种面积重心的变动相比，经济技术效率和环境技术效率重心的移动幅度较大。经济技术效率重心在东西方向的波动中逐渐向东南方向转移。与经济技术效率相比，设施果类蔬菜生产环境技术效率重心的转移在东西

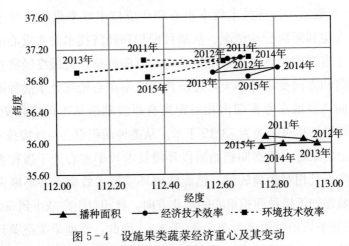

图 5-4　设施果类蔬菜经济重心及其变动

数据来源：根据经济重心模型测算结果整理得到。

方向波动较大，2012 年环境技术效率重心向 2011 年重心的东侧移动，2013 年又向西偏南方向移动较大距离，到 2014 年移动回与 2012 年重心接近的位置，2015 年向西南方向移动，最终落在 2011 年重心的南偏东方向。

表 5-7 展示了全国设施果类蔬菜经济技术效率重心和环境技术效率重心相对于播种面积重心的方向及距离变动情况。从相对方向来看，经济技术效率和环境技术效率重心均始终处于播种面积重心的西北方向。从相对距离来看，经济技术效率重心与播种面积重心之间的距离从 2011 年至 2015 年先增加后减少，距离变动的绝对值不大，平均相对距离为 108.4 千米，高于露地果类蔬菜经济技术效率重心的相对距离。环境技术效率重心与播种面积重心之间的相对距离也呈现先增后减的趋势，整体来看相对距离平均为 121.03 千米，略高于经济技术效率重心的相对距离。因此，设施果类蔬菜的效率优势区与规模优势区之间的不匹配性大于露地果类蔬菜，且经济技术效率与环境技术效率的这种不匹配性相差较小，考察期内也未有明显降低的趋势，可见设施果类蔬菜生产的高产高效型技术和环境友好型技术在设施果类蔬菜规模优势区推广和应用的不足，且这种不均衡的状态并没有改善的趋势。

表 5-7　设施果类蔬菜技术效率重心相对于播种面积重心方向及距离

年份	经济技术效率		环境技术效率	
	相对方向	相对距离（千米）	相对方向	相对距离（千米）
2011	西北	109.57	西北	118.16
2012	西北	118.58	西北	115.34
2013	西北	108.33	西北	139.95
2014	西北	106.94	西北	123.72
2015	西北	98.56	西北	107.99

数据来源：根据经济重心模型测算结果整理得到。

图 5-5 展示了叶菜类蔬菜各类经济重心及其变动情况。其中图（a）展示了播种面积、经济技术效率与环境技术效率指标的空间重心分布情况，图（b）以局部图的方式展示了经济技术效率与环境技术效率重心具体的相对位置与变动情况。叶菜类蔬菜播种面积重心从 2011 年至 2015 年

持续向西南方向转移。经济技术效率重心的移动范围较小，2011 年到 2012 年首先向东北方向移动，到 2013 年又向西南方向移动，2014 年又向东北方向移动，2015 年向西偏南方向移动。相对于 2011 年，2015 年技术效率重心落在西南方向，相对距离较小。环境技术效率重心移动轨迹与经济技术效率重心比较相似，但移动范围较大，两类技术效率重心相对距离较近，2014 年几乎重合。从整个考察期来看，2015 年环境技术效率重心落在 2011 年的东南方向。

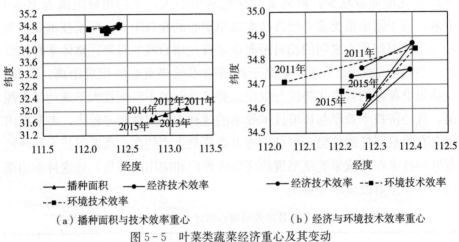

（a）播种面积与技术效率重心　　（b）经济与环境技术效率重心

图 5-5　叶菜类蔬菜经济重心及其变动

数据来源：根据经济重心模型测算结果整理得到。

　　表 5-8 展示了叶菜类蔬菜经济技术效率重心和环境技术效率重心相对于播种面积重心的方向和距离变动情况。从相对方向来看，叶菜类蔬菜经济技术效率重心和环境技术效率重心始终处于播种面积重心的西北方向。从相对距离来看，经济技术效率重心与播种面积重心的距离呈现先减小后增加的变动趋势，绝对距离始终较大，考察期内平均相对距离为 324.12 千米。环境技术效率重心与播种面积重心的距离也呈先减小后增加的趋势，平均相对距离为 320.96 千米。而对比两类技术效率重心与播种面积重心之间相对距离的变动趋势，可以看出经济技术效率重心和环境技术效率重心相对于播种面积重心保持同期变动的特点。对比来看，叶菜类蔬菜技术效率重心与播种面积重心的相对距离绝对值远大于露地果类和设施果类蔬菜。因此，叶菜类蔬菜存在较为显著的效率优势区与规模优势

区分布不均衡的情况，可见叶菜类蔬菜规模优势区内技术的应用水平不高。同时，经济技术效率重心与环境技术效率重心重合度较高也反映出叶菜类蔬菜高产高效型技术与环境保护型技术的整合度较好。

表 5 - 8 叶菜类蔬菜技术效率重心相对于播种面积重心方向及距离

年份	经济技术效率		环境技术效率	
	相对方向	相对距离（千米）	相对方向	相对距离（千米）
2011	西北	314.99	西北	317.91
2012	西北	322.77	西北	320.17
2013	西北	308.92	西北	309.11
2014	西北	333.53	西北	323.49
2015	西北	340.38	西北	334.14

数据来源：根据经济重心模型测算结果整理得到。

图 5 - 6 展示了根茎类蔬菜各类经济重心及其变动情况。2011 年至 2015 年，根茎类蔬菜播种面积重心呈现与叶菜类蔬菜播种面积重心相似的移动轨迹，即不断向西南方向转移。经济技术效率重心在 2012 年先向西方向转移较大幅度，之后 2012 年至 2014 年持续向东南方向转移，2014 年至 2015 年向东北方向转移较小幅度。环境技术效率重心从 2011 年至 2012 年向西北方向移动，到 2013 年又向东南的 2011 年重心方向移动，

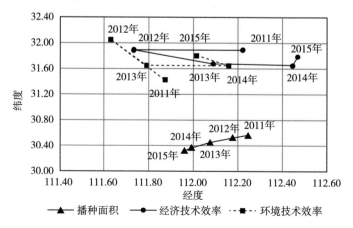

图 5 - 6 根茎类蔬菜经济重心及其变动

数据来源：根据经济重心模型测算结果整理得到。

2013 年至 2014 年向东移动了较大的距离，到 2015 年向西北方向移动最终落在 2011 年重心的东北方向。

　　表 5-9 展示了根茎类蔬菜经济技术效率和环境技术效率重心相对于播种面积重心的方向和距离变化。从相对方向来看，考察期初始经济技术效率重心处于播种面积重心的西北方向，随着经济技术效率重心向东移动以及播种面积重心向西移动，从 2013 年开始经济技术重心处于播种面积重心的东北方向。环境技术效率重心相对于播种面积重心的位置更偏西，从播种面积重心的西北方向不断移动，从 2014 年开始处于播种面积重心的东北方向。从相对距离来看，经济技术效率重心与播种面积重心之间的距离相对较远且呈缓慢增加的趋势，考察期平均相对距离为 153.6 千米。环境技术效率重心与播种面积重心之间的相对距离与经济技术效率处于同一水平，考察期平均相对距离为 146.21 千米。因此，根茎类蔬菜生产中技术效率优势区和规模优势区之间也存在一定的不均衡状态，相对其他种类蔬菜这种不均衡水平略高于设施果类蔬菜而低于叶菜类蔬菜，处于中等水平。两类技术效率和规模优势区之间的不均衡水平也基本相当。可见，根茎类蔬菜生产中高产高效型技术和环境友好型技术之间的整合程度较高，但在规模优势区存在技术的推广和应用不足的问题。

表 5-9　根茎类蔬菜技术效率重心相对于播种面积重心方向及距离

年份	经济技术效率		环境技术效率	
	相对方向	相对距离（千米）	相对方向	相对距离（千米）
2011	西北	148.45	西北	104.91
2012	西北	159.35	西北	179.89
2013	东北	137.00	西北	138.02
2014	东北	151.63	东北	143.24
2015	东北	171.59	东北	165.00

数据来源：根据经济重心模型测算结果整理得到。

5.4　本章小结

　　本章通过构建基于 SBM 的 DEA 模型，分品种考察了蔬菜生产效率水平。在效率对比中，将采用单元调查法测算得到的蔬菜生产的环境污染指标纳入效率的评价体系，对目前我国各品种和生产方式下蔬菜生产的经济技术效率和环境技术效率水平分别进行评价。最后引入经济重心模型对各品种蔬菜生产资源与效率优势产区的空间匹配程度进行分析，对比评价了各品种和生产方式下蔬菜的资源配置水平，主要结论如下：

①从技术效率综合得分来看，设施果类蔬菜更具有优势，叶菜类蔬菜整体技术效率水平不高，且各 DMU 之间差距较大；环境污染因素会整体拉低蔬菜技术效率得分，且使得 DMU 之间差距拉大；纯技术效率是造成技术效率综合得分损失的主要因素，表明生产技术和管理水平不足是造成效率损失的主要来源；在技术效率损失的贡献度分析中，投入冗余和污染物过度排放对经济和环境技术效率损失贡献最高，叶菜类投入冗余问题最为严重，设施果类污染物过度排放较为严重。

②从蔬菜效率优势区与生产优势区的空间匹配度分析来看，各品种蔬菜的效率优势区与生产优势区均存在不同程度的分离状况。露地果类蔬菜的匹配程度最高，且技术效率重心与生产规模重心之间距离存在缩小的趋势；设施果类与根茎类蔬菜 2011 年初始重心间距相似，但设施果类蔬菜重心间距保持在较为稳定的水平上，而根茎类蔬菜重心间距存在较为显著的扩大趋势；叶菜类蔬菜重心间距远大于其他类蔬菜，且仍有不断扩大的趋势。因此各品种中叶菜类的资源配置水平最低，其次是根茎类，而果菜类的生产效率得分及资源配置水平均较高。

6 蔬菜生产效率的地区比较分析

前文侧重从产业和品种差异的角度对蔬菜生产效率进行对比评价，而我国蔬菜种植范围广泛，各地区由于经济发展水平、自然资源禀赋以及蔬菜生产基础等不同可能也存在效率的差异。按照屠能圈理论，蔬菜等鲜活农产品的生产集中在距离城市最近的地区，因此相对于其他农作物来说，蔬菜生产整体更倾向于集中在距离城市较近的地区。随着城镇化的发展，这一特点在特大型都市更为显著，为了保证蔬菜自给率，有限的农业资源禀赋较大比例地向蔬菜生产分配。另外，随着我国生鲜物流的飞速发展，蔬菜的跨区供应成为趋势，"南菜北运""西菜东运"蔬菜供需大流通格局的完善使蔬菜生产逐渐向具有资源条件的地区扩散。因此不同地区的蔬菜生产目标具有较大差异，一些地区如北京、上海以维持自给率保障平稳供应为主，另一些地区如山东、河北则以输出外地为主。生产目标不同不仅造成地区土地、劳动力、资本等生产要素分配结构的差异，也决定了蔬菜应用技术的类型。因而地区间蔬菜生产目标差异最终将体现在生产效率特征上，因此本章将从地区比较的角度对蔬菜生产效率进行分析，并基于此对不同类型地区的供给功能划分作出判断。

已有一些研究考虑到地区差异对不同地区蔬菜生产效率进行了对比分析。孟阳和穆月英（2012）将北京市与全国其他地区的露地和设施蔬菜生产效率进行了对比，认为北京市蔬菜生产效率具有优势。王欢和穆月英（2017）以露地茄子为例，在对全国各省市蔬菜生产效率测算的基础上，构建评价指标，通过聚类分析将全国蔬菜生产分为五类产区。鲁强（2017）对全国东、中、西三个地区以及不同规模城市的设施和露地蔬菜生产效率进行了评价，结果发现城市规模的扩大对于蔬菜生产技术效率只有水平效应而没有显著的增长效应。然而从已有研究中可以看出，对蔬菜生产效率的地区对比研究往往仅关注生产效率这一项指标，而忽略了不同地区蔬菜生产发展目标的差异；另外，在对蔬菜生产效率进行评价时，仅考虑到蔬菜生产的经济效率，忽略了蔬菜生产过程中的环境污染问题，从而难以从环境可持续角度全面评价各地区蔬菜生产发展潜力差异。

综上，虽然蔬菜播种范围较广，但不同地区之间蔬菜生产的资源禀赋和生产目标存在较大差异，因此有必要分地区对蔬菜生产效率进行对比，以划分不同地区的蔬菜生产功能性。随着农业环境污染问题不断凸显，各地区蔬菜生产对环境可持续的要求更加紧迫，因此，本章将从地区差异的角度对蔬菜生产的经济技术效率和环境技术效率进行评价，以期明确不同类型地区蔬菜生产功能与发展潜力。

6.1　不同地区资源差异与蔬菜生产的区域性

蔬菜是我国种植范围最广的农作物之一，而由于自然环境禀赋、社会发展条件等的差异，不同地区蔬菜生产发展呈现出不同的模式。在对不同地区蔬菜生产效率进行评价之前，有必要对我国蔬菜生产分布特征进行探究，因此，本节将在对蔬菜生产地区差异进行分析的基础上，根据不同的生产特点将全国各地区分为几大类，为后文分析蔬菜生产效率的地区差异提供研究依据。

6.1.1　蔬菜生产的地区分布

蔬菜是播种面积全国第二的农作物，2015 年全国蔬菜总播种面积为21 999.8 千公顷，全国 31 个省区市均有种植，其中播种面积达到 1 000千公顷以上的省区市有 10 个，包括山东、河南、江苏、广东、湖南、四川、河北、广西、湖北和云南，这些地区是全国蔬菜生产的主要地区，蔬菜播种面积占全国总播种面积的 63.19%；蔬菜播种面积为 500~1 000 千公顷的省区市有 9 个，包括贵州、安徽、福建、重庆、浙江、江西、甘肃、陕西和辽宁，这些地区在全国蔬菜生产中也具有重要地位，播种面积占全国的 27.91%；蔬菜播种面积为 100~500 千公顷的省区市有 8 个，包括新疆、内蒙古、海南、山西、黑龙江、吉林、宁夏、上海；蔬菜播种面积在 100 千公顷以下的省区市有 4 个，包括天津、北京、青海和西藏。蔬菜播种面积在 500 千公顷以下的地区其蔬菜播种面积在全国所占比重较小,占全国蔬菜播种总面积的 8.90%。

从各地区蔬菜生产农业资源分配比重来看,大多数地区蔬菜播种面积占地区农作物总播种面积的比例在 10%~20%,包括广西、江苏、天津、贵州、山东、湖南、湖北、河北、云南、四川、甘肃、陕西、河南、辽宁、江西、宁夏、安徽等 17 个省区市。而重庆、浙江、广东、海南、北京、福建、上海等 7 个省市的蔬菜播种面积占地区农作物总播种面积的 20%以上,其中海南、北京、福建、上海蔬菜播种面积占当地农作物总播种面积的 30%以上。而其余省区市如西藏、青海、山西、新疆、内蒙古、吉林和黑龙江,其蔬菜播种面积占农作物总播种面积的比例低于 10%。

各地区由于资源禀赋和生产目标的差异在不同种类蔬菜生产方面各有偏重,因此从不同品种蔬菜的角度分别分析能够更加具体地探究全国蔬菜生产地区分布差异。虽然蔬菜品种十分丰富,但可以根据生产特点将其分为 8 大类,即叶菜类、瓜菜类、茄果菜类、葱蒜类、菜用豆类、水生菜类、其他品种蔬菜以及块根、块茎。而这几大类蔬菜中叶菜类、瓜菜类、茄果类以及块根、块茎类蔬菜的播种面积占比最大,共占蔬菜总播种面积的 76.74%(2012 年),因此为方便分析,下文将着重对这 4 类蔬菜生产的区域分布进行分析。

按照播种面积比例的五分位界值将全国 31 个省区市分为 5 类,分别是分布在 0%~20%、20%~40%、40%~60%、60%~80%以及 80%~100%的地区,其中 0%~20%分组代表某种蔬菜播种面积占比最低的 20%的地区,而 80%~100%分组代表某种蔬菜播种面积占比最高的 20%的地区。

叶菜类蔬菜种植比例最高的地区集中在东南沿海地区、上海以及以北京为中心的环渤海地区。从南北分布来看,南方种植比例较高;从东西分布来看,东部地区叶菜类蔬菜种植比例明显高于西部地区。这样的分布可能与叶菜类蔬菜产品的特点有关。叶菜类蔬菜属于鲜食蔬菜,相较于其他蔬菜品种不耐储运、不易保鲜的特征更为明显,因此距离消费市场较近的地区往往更倾向于种植叶菜类蔬菜。另外,叶菜类生长周期较短,南方温度、降水以及光照等气候条件都较利于叶菜类蔬菜的生长,因此叶菜类种植比例较大。

瓜菜类蔬菜种植比例较高的地区集中在两类地区,第一类是华中、华南以及海南地区，另一类则是环渤海以及东北地区。从东西部分布来看，东中部地区瓜菜类蔬菜种植比例高于西部地区。瓜菜类蔬菜相比于叶菜类更耐储运，因此往往在北京、上海这类耕地资源有限的城市种植比例较低。另外，华中、华南地区由于温度气候较为适宜，属于华南与西南热区冬春蔬菜优势区域，主要供应的蔬菜品种为瓜菜类、果菜类，因此分为第一类瓜菜类蔬菜种植比例较高的地区。而第二类环渤海以及东北地区属于北部高纬度夏秋蔬菜优势区域和黄淮海与环渤海设施蔬菜优势区域，该地区以供应夏秋瓜类、果类蔬菜为主，因此瓜菜类蔬菜种植比例较高。

整体来看，北方地区茄果类蔬菜种植比例高于南方地区，而具体来看，茄果类蔬菜种植面积比例较高的有两大片区，第一片区是新疆地区，第二片区是内蒙古、宁夏和陕西地区。茄果类蔬菜与瓜菜类蔬菜产品特性相似，生长周期较长，耐储运性相对较好，便于跨区供应。在茄果类蔬菜种植比例较高的两大区域中，新疆由于具有降水稀少、日照时间长、昼夜温差大等气候特征，是全世界最适宜种植番茄的地区，我国90%以上的番茄产出来自新疆，因此新疆茄果类蔬菜种植面积比例较高。而内蒙古、宁夏和陕西地区属于黄土高原夏秋蔬菜优势区域，昼夜温差大，夏季凉爽，较为适宜种植喜凉的茄果类蔬菜，因而其茄果类蔬菜种植比例较高。

全国大部分省区块根、块茎类蔬菜比例均处于40%~60%分位组区间内，东南沿海及大城市种植比例较低。种植比例较高的地区集中在西部地区，同时浙江省种植比例也较高。这一分布特征与块根、块茎类蔬菜产品的特性有关，块根、块茎类蔬菜与其他蔬菜品种相比耐储运性更好，是最有利于跨区供应的蔬菜品种，因而在经济发达且农业资源有限的地区，块根、块茎类蔬菜的种植比例较低。浙江作为长江流域冬春蔬菜优势区域中的一个产区，是冬春喜凉蔬菜生产基地之一，块根、块茎类蔬菜中的萝卜等也是其主要供应的蔬菜品种，因而浙江块根、块茎类蔬菜种植比例较大。而西部的青海、西藏以及陕西属于黄土高原夏秋蔬菜优势区域，这个区域主要上市的蔬菜为洋葱、萝卜、胡萝卜等喜凉蔬菜，因此这一区域中块根、块茎类蔬菜种植比例较高。

6.1.2 蔬菜生产的地区分类

由以上分析可以看出，根据蔬菜产品的特质、地区经济发展特征以及农业资源禀赋，地区蔬菜生产呈现出经济发展水平较高或农业生产资源有限的地区倾向于不耐储运类蔬菜的生产，而经济发展水平较低或农业资源禀赋丰富的地区倾向于耐储运类蔬菜的生产的局面。由于这种种植分布的偏向性，在对地区蔬菜生产效率差异进行评价时需要考虑到不同地区的经济发展特征和农业资源禀赋。因此，下文将在考虑到以上两方面的基础上构建指标体系，采用逐步判别聚类法（K-means）将全国各地区分为不同类型蔬菜生产地区。

6.1.2.1　逐步判别聚类法

K-means 方法是多元统计分析中的一种聚类方法，该方法的特点是可以通过不断的迭代从而达到最优解，其计算步骤是：

①将样本分为几类，并计算每一组分类的聚类中心；

②计算各样本到聚类中心的距离，逐个将所有样本点归入其距离最近的聚类中心；

③根据新的分类结果计算新的聚类中心；

④重复②③步骤直到计算出的聚类中心与上一次的聚类中心重合。

6.1.2.2　数据来源及指标体系的构建

为了能够根据不同地区在社会经济发展水平、蔬菜生产发展水平以及蔬菜生产资源禀赋上的差异对各地区进行分类，下文将从地区消费能力、蔬菜生产发展水平和生产资源禀赋三个方面共选取 4 个变量建立评价指标体系，具体指标设立及解释见表 6-1。其中，由于当前农业生产资源中耕地资源紧缺的问题较为突出，同时考虑到衡量资源水平的便利性，在地区蔬菜生产发展指标和地区农业资源指标中对农业资源的衡量主要指耕地资源。对各地区蔬菜生产发展的聚类分析数据均来自 2016 年《中国统计年鉴》。

表 6-1　全国蔬菜生产发展区划指标体系

指标体系	指标解释	聚类变量及其含义
地区蔬菜消费指标	构成蔬菜产品消费的因素来自两方面，一方面是地区总人口数，另一方面是人均收入水平	X_1：地区人口总数（万人） X_2：地区人均 GDP（万元）

（续）

指标体系	指标解释	聚类变量及其含义
地区蔬菜生产发展指标	主要指蔬菜在地区农业生产中的地位，即所占资源的多少	X_3：蔬菜播种面积占农作物总播种面积的比例（%）
地区农业资源指标	地区农业资源为蔬菜生产发展提供基础，主要指耕地资源	X_4：农作物总播种面积（千公顷）

6.1.2.3 蔬菜生产区域分类结果

采用 K-means 方法依据以上蔬菜生产发展区划指标体系将全国 31 个省区市划分为 6 类地区。分类结果及各项指标具体特征值如表 6-2 所示。从表中可知，第一类地区包括北京、天津、上海、浙江和福建 5 个地区；第二类地区包括江苏和广东；第三类地区包括山东和河南；第四类地区包括河北、黑龙江、安徽、湖北、湖南和四川等 6 个地区；第五类地区包括山西、内蒙古、辽宁、吉林、江西、广西、重庆、贵州、云南、陕西、甘肃和新疆等 12 个地区；第六类地区包括海南、西藏、青海和宁夏等 4 个地区。而从指标特征值可以看出各类型地区具有各自的特点。

表 6-2　各地区分类情况及指标特征值

地区分类	所包含省区市	各指标特征值			
		X_1	X_2	X_3	X_4
第一类	北京、天津、上海、浙江、福建	3 102.20	9.26	28.50	1 121.22
第二类	江苏、广东	9 412.50	7.77	23.68	6 264.87
第三类	山东、河南	9 663.50	5.16	14.64	12 725.76
第四类	河北、黑龙江、安徽、湖北、湖南、四川	6 370.00	4.10	11.87	9 390.59
第五类	山西、内蒙古、辽宁、吉林、江西、广西、重庆、贵州、云南、陕西、甘肃、新疆	3 559.50	4.35	11.53	5 321.30
第六类	海南、西藏、青海、宁夏	622.75	3.95	14.87	730.51

数据来源：根据 K-means 结果整理得到。

第一类地区属于高消费水平低农业资源地区。第一类地区所包含的大多为直辖市或经济发展水平较高的东南沿海省，相比于其他省区市人口数绝对值较低，平均人口数为 3 102.2 万人，但经济发展水平较高，人均GDP 为 9.26 万元，为六类地区中最高。因而第一类地区的蔬菜消费能力较强，具有较好的市场条件。从农业资源禀赋来看，第一类地区农业生产资源匮乏，地区平均农作物播种面积仅为 1 121.22 千公顷，在六类地区中排名第五，人均农作物播种面积仅为 0.46 亩。然而从蔬菜生产资源占比来看，第一类地区平均蔬菜播种面积占比为 28.5%，即蔬菜生产在当地农业生产中占有重要地位。这一现象与蔬菜产品不耐储运的特性有关，在地区有限的农业生产资源以及巨大的农产品消费需求两方面因素的作用下，农业生产资源会首先分配给最需要本地供应保障的鲜活农产品。

第二类地区属于高消费水平中等农业资源地区。第二类地区包含的江苏和广东与第一类地区包含的省市经济发展水平相似，同样都为经济发展水平较高地区。地区人口数较大，平均为 9 412.5 万人，在六类地区中排名第二。同时人均收入水平也较高，人均 GDP 为 7.77 万元，在六类地区中同样排名第二。由此可见，第二类地区所面对的蔬菜消费市场也同样巨大。而从农业资源禀赋方面来看，第二类地区农业资源禀赋水平处于中等水平，平均农作物播种面积为 6 264.87 千公顷，远高于第一类地区。同时蔬菜生产在当地所占资源比例也较高，蔬菜播种面积占比均值为 23.68%。由此可见，第二类地区兼具较大的消费市场和蔬菜生产发展水平及生产潜力。

第三类地区属于中等消费水平高农业资源地区。第三类地区所包含的山东和河南两省属于全国的人口大省，因此该类地区平均人口数为 9 663.5 万人，属于人口数均值最高的一类地区，但经济发展水平处于中等水平，人均 GDP 为 5.16 万元，因此，第三类地区所面临的消费市场不如第二类地区大。从农业生产资源方面来看，第三类地区的两个省均属于农业大省，农作物总播种面积均值为 12 725.76 千公顷，远高于其他类型地区，可见具有较好的蔬菜生产资源基础。但相比于第一类和第二类地区，其蔬菜播种面积比例处于六类地区的中等水平。由此可见，第三类地区的蔬菜生产发展仍有较大潜力。

第四类地区属于低消费水平高农业资源地区。第四类地区的平均人口数为 6 370 万人,低于第二类和第三类地区,同时经济发展水平处于中等偏下水平,人均 GDP 为 4.1 万元,因此第四类地区所面临的蔬菜消费市场并不大。而从农业生产资源来看,第四类地区平均农作物总播种面积为 9 390.59 千公顷,仅低于第三类地区而远高于其他地区,因此具有较高的蔬菜生产发展资源基础。从蔬菜生产所占资源比例来看,第四类地区平均蔬菜播种面积占农产品总播种面积的比例为 11.87%。由此可见,第四类地区同第三类地区一样具有较大的蔬菜生产发展潜力。

第五类地区属于较低消费水平中等农业资源地区。第五类地区所包含的省区市较多,但多为经济发展水平不高的地区,因此人均 GDP 为 4.35 万元,属于中等偏低水平。同时第五类地区的总人口数也较低,平均为 3 559.5 万人。可见第五类地区本地蔬菜消费水平较低。而从农业生产资源来看,农作物总播种面积均值为 5 321.3 千公顷,与第二类地区相近,在六类地区中处于中等水平。而蔬菜播种面积占比均值为 11.53%,在六类地区中处于最低水平,可见第五类地区虽然自身农业生产资源处于中等水平,但在蔬菜生产发展方面仍具有较大的潜力。

第六类地区属于低消费水平低农业资源地区。第六类地区所包含的 4 个省区大多处于西部资源匮乏且经济发展水平较低的地区。这类地区的特点是消费水平远低于其他五类地区,平均人口总数仅为 622.75 万人,人均 GDP 为 3.95 万元,均属于六类地区中最低水平,因此本地蔬菜消费十分有限。从农业生产资源来看,平均农作物总播种面积为 730.51 千公顷,远低于其他地区。但从蔬菜生产所占资源来看,该类地区平均蔬菜播种面积占比为 14.87%,属于六类地区中等水平。虽然第六类地区中所包含的省区具有蔬菜生产和消费基础条件上的共通点,但在当前"大流通"的蔬菜市场趋势下,海南已经发展成我国冬季反季节蔬菜生产基地,宁夏成为夏秋蔬菜生产基地。

由以上聚类分析的结果可以看出,我国各省区市在蔬菜消费和生产方面各有不同的特点。下文将依据聚类分析的地区类别对各地区蔬菜生产效率进行对比分析。

6.2 蔬菜生产效率的地区差异

蔬菜生产的发展水平和潜力是由多方面因素决定的。根据上节分析结果，按照蔬菜生产的消费需求、供给现状以及供给资源基础可以将全国31个省区市分为六大类型地区。本节将基于以上分类结果，对不同类型地区的蔬菜生产效率进行对比分析，以期为各地区蔬菜生产发展提供针对性的建议。

6.2.1 蔬菜生产效率地区差异分析模型及数据说明

由于蔬菜品种丰富，同时具有不同消费市场和资源禀赋的地区在各品种蔬菜生产方面具有一定的倾向性，因此在对蔬菜生产效率的地区差异进行分析时仍然细分到具体的蔬菜种类，采用第5章对蔬菜品种的具体细分，针对设施果类、露地果类、叶菜类以及根茎类等四类蔬菜展开具体的讨论和分析。另外考虑到蔬菜生产过程中的环境污染问题，本节采用基于SBM的DEA效率评价模型分别对各地区蔬菜生产效率进行评价。包含环境污染的SBM-DEA效率评价模型是求解如下非线性规划问题：

$$\min \rho = \frac{1 - \dfrac{1}{M}\sum_{m=1}^{M} s_m^x / x_{im}^t}{1 + \dfrac{1}{K+L}\left(\sum_{k=1}^{K} s_k^y / y_{ik}^t + \sum_{l=1}^{L} s_l^b / b_{il}^t\right)}$$

$$\text{s. t.} \quad \sum_{n=1}^{N} \lambda_n^t / x_{nm}^t + s_m^x = x_{im}^t,\ \forall m;$$

$$\sum_{n=1}^{N} \lambda_n^t / y_{nk}^t + s_k^y = y_{ik}^t,\ \forall k;$$

$$\sum_{n=1}^{N} \lambda_n^t / b_{nl}^t + s_l^b = b_{il}^t,\ \forall l;$$

$$\lambda_n^t \geqslant 0,\ \forall n;$$

$$s_m^x \geqslant 0,\ \forall m;$$

$$s_k^y \geqslant 0,\ \forall k;$$

$$s_l^b \geqslant 0,\ \forall l$$

$$(6-1)$$

其中 t 和 i 分别代表第 t 期和第 i 个 DMU。s_m^x、s_k^y、s_l^b 分别代表投入要素的冗余、期望产出的不足和非期望产出的冗余。式中，非期望产出为采用单元调查法对蔬菜生产中农田化肥以及农田固体废弃物带来的农业面源污染等标排放量的核算。根据对 λ_n^t 的不同假设可以将环境技术效率分为不变规模报酬下的综合技术效率（CRS）和可变规模报酬下的纯技术效率（VRS），并且根据两者的差异可以得到与生产规模相关的规模效率值（SE）。

本节对各地区蔬菜生产效率评价的数据主要来自《全国农产品成本收益资料汇编》。由于该年鉴中数据属于农户调查数据，单个年份数据可能会有较大偏差，因此选择 2012—2016 年的年鉴数据，即考察 2011—2015 年各地区蔬菜生产的平均水平。根据蔬菜生产投入产出过程，本节在对蔬菜生产的经济技术效率和环境技术效率评价中选择劳动力工日、土地成本和物质与服务费用作为生产的投入变量；选择单位面积蔬菜产量作为期望产出变量；选择利用单元调查法核算的蔬菜生产农业面源污染等标排放量为非期望产出变量。

6.2.2　蔬菜生产效率的地区差异分析

对六类蔬菜生产区域的各类蔬菜生产经济技术效率和环境技术效率的测算结果如表 6-3～表 6-6 所示。表 6-3 展示了露地果类蔬菜经济与环境技术效率的区域对比情况。从经济技术效率来看，六类地区中第一类、第三类、第四类和第五类地区的效率水平较高，达到 0.7 以上，而第二类和第六类地区相对较低，分别为 0.569 和 0.549。可见在露地果类生产方面，农业资源禀赋较好的地区（第三类和第四类地区）生产的经济技术效率水平较高，由此可见这两类地区将成为未来我国蔬菜生产供给的主力地区。从环境技术效率来看，各地区效率得分排名与经济技术效率相似，但相对而言各地区之间的效率值差异更大，说明生产效率水平较高的地区在环境保护型技术推广方面可能更具有优势。从经济技术效率和环境技术效率的分解来看，两类效率中规模效率水平相对较高，综合技术效率得分受纯技术效率的影响较大，表明露地果类蔬菜生产各地区的效率差异主要来自生产和管理技术的应用。

表 6 - 3　露地果类蔬菜经济与环境技术效率区域对比

地区类型	经济技术效率			环境技术效率		
	CRS	VRS	SE	CRS	VRS	SE
第一类	0.727	0.878	0.848	0.646	0.857	0.769
第二类	0.569	0.700	0.837	0.551	0.788	0.691
第三类	0.716	0.740	0.969	0.566	0.654	0.866
第四类	0.780	0.946	0.829	0.820	0.941	0.864
第五类	0.717	0.793	0.913	0.671	0.808	0.828
第六类	0.549	0.556	0.992	0.447	0.536	0.803

数据来源：根据 SBM 模型测算结果整理得到。

　　表 6 - 4 展示了设施果类蔬菜经济技术效率与环境技术效率的区域对比情况。从经济技术效率方面来看，六类地区中第四类地区经济技术效率最高，综合技术效率值为 0.860，其次是第五类地区，效率值为 0.806，第三类和第一类地区效率水平接近，分别为 0.720 和 0.733。第二类和第六类地区同样效率水平最低，综合技术效率分别为 0.614 和 0.687。可见对于农业资源禀赋较好的第四类地区来说，不仅具有较好生产资源基础，更具有较为优越的效率水平。环境技术效率方面，各地区排名基本与经济技术效率结果一致，但各地区综合技术效率差异更大，第四类地区最高，为 0.886，而最低的第二类地区为 0.481。说明设施果类生产中也存在生产效率水平较高的地区在环境保护型技术推广方面更具优势的情况。从经济技术效率和环境技术效率的分解来看，两类技术的分解项中，各类地区规模效率值水平均较高且差异较小，综合技术效率的差异主要来自纯技术效率的差异，说明设施果类蔬菜生产各地区的效率差异主要来自各地区不同的生产和管理技术的应用。

表 6 - 4　设施果类蔬菜经济与环境技术效率区域对比

地区类型	经济技术效率			环境技术效率		
	CRS	VRS	SE	CRS	VRS	SE
第一类	0.733	0.741	0.990	0.641	0.677	0.937
第二类	0.614	0.616	0.998	0.481	0.512	0.942

(续)

地区类型	经济技术效率			环境技术效率		
	CRS	VRS	SE	CRS	VRS	SE
第三类	0.720	0.733	0.983	0.577	0.604	0.961
第四类	0.860	0.879	0.977	0.886	0.921	0.963
第五类	0.806	0.828	0.976	0.742	0.786	0.949
第六类	0.687	0.721	0.963	0.597	0.668	0.908

数据来源：根据SBM模型测算结果整理得到。

表6-5展示了叶菜类蔬菜经济技术效率与环境技术效率的区域对比情况。从经济技术效率方面来看，效率值最高的地区为第六类地区，效率值为0.787，第三类地区效率得分略低，为0.763，第五类地区排名第三，效率值为0.668，第一类和第四类地区效率值接近，分别为0.525和0.561，第二类地区效率值最低，仅为0.371。这表明在具有较大消费需求的地区（第一类和第二类地区）叶菜类蔬菜的生产效率水平较低。从环境技术效率来看，各地区的效率值得分排序基本与经济技术效率一致，但地区之间效率值差距扩大，环境技术效率得分最高的第六类地区为0.851，而最低的第二类地区为0.333。这表明叶菜类生产中也存在较高效率的地区环境保护型技术应用水平较高的特点。从经济技术效率和环境技术效率的分解来看，两类技术的分解项中除第一类地区外，其他各地区规模效率普遍高于纯技术效率，说明整体来看各地区叶菜类蔬菜生产效率的差异主要来自地区间生产和管理技术应用水平的不同。第一类地区规模效率明显低于其他几类地区，且纯技术效率远远高于规模效率，说明第一类地区存在较为显著的经营规模不适应问题，同时第一类地区在农业技术推广和技术应用指导等方面有较大的扶持力度，从而使得生产和管理技术的应用水平较高。

表6-5 叶菜类蔬菜经济与环境技术效率区域对比

地区类型	经济技术效率			环境技术效率		
	CRS	VRS	SE	CRS	VRS	SE
第一类	0.525	0.749	0.769	0.463	0.821	0.577
第二类	0.371	0.371	1.000	0.333	0.435	0.737

（续）

地区类型	经济技术效率			环境技术效率		
	CRS	VRS	SE	CRS	VRS	SE
第三类	0.763	0.765	0.996	0.747	0.805	0.925
第四类	0.561	0.583	0.976	0.577	0.778	0.751
第五类	0.668	0.742	0.925	0.705	0.863	0.812
第六类	0.787	0.823	0.964	0.851	0.893	0.944

数据来源：根据 SBM 模型测算结果整理得到。

表6-6展示了根茎类蔬菜经济技术效率与环境技术效率的区域对比情况。从经济技术效率方面来看，根茎类蔬菜生产经济技术效率最高的地区为第五类地区，为0.651，第四类地区效率得分略低，为0.645，第一类地区和第三类地区效率值相对接近，分别为0.466和0.474，第二类地区效率值最低，为0.395。可以看出不论是哪一类地区，根茎类蔬菜生产的技术效率水平均不高，说明仍有较大的进步空间。从环境技术效率方面来看，各地区的效率值排名基本与经济技术效率一致，但全部地区的效率值整体更低，说明环境污染因素对蔬菜生产的效率具有一定的负面影响。从经济和环境技术效率的分解来看，两类技术效率的分解项中规模效率值普遍高于纯技术效率值，且各地区之间的差异较小，说明根茎类蔬菜生产技术效率的差异也主要来自各地区生产与管理技术的应用水平不同。

表6-6 根茎类蔬菜经济与环境技术效率区域对比

地区类型	经济技术效率			环境技术效率		
	CRS	VRS	SE	CRS	VRS	SE
第一类	0.466	0.611	0.855	0.369	0.577	0.740
第二类	0.395	0.540	0.842	0.289	0.555	0.667
第三类	0.474	0.722	0.706	0.367	0.689	0.615
第四类	0.645	0.794	0.835	0.579	0.817	0.743
第五类	0.651	0.738	0.879	0.592	0.737	0.799
第六类	—	—	—	—	—	—

注：由于缺少海南、西藏、青海、宁夏地区根茎类蔬菜生产投入产出数据，故此处仅对前五类地区的生产效率进行讨论。

数据来源：根据 SBM 模型测算结果整理得到。

6.3 本章小结

蔬菜种植范围较广，而不同的地区在蔬菜生产方面也具有较大差异。本章从地区差异的角度，在对不同地区蔬菜生产差异进行描述性统计的基础上，从社会经济发展水平、农业资源禀赋和蔬菜发展水平三个角度构建评价指标体系，采用 K-means 方法将全国各省区市分为六类蔬菜生产地区，并对不同类型地区中各类蔬菜生产经济技术效率与环境技术效率进行了对比分析，主要结论如下：

①由于经济发展和农业资源禀赋的差距，各地区在不同种类蔬菜生产方面各有偏重。普遍来讲不耐储运的蔬菜生产集中于消费市场附近，而更利于跨区供应的蔬菜更偏向于在农业生产资源更为适宜的地区生产。具体而言，叶菜类蔬菜种植比例较高的地区主要为经济发展水平较高且人口密度较大的东南沿海地区、上海以及以北京为中心的环渤海地区；瓜菜类蔬菜种植比例较高的地区主要为气候较为适宜的华中、华南以及海南地区、环渤海以及东北地区；茄果类蔬菜种植比例较高的地区主要为气候较为适宜的西北部地区；大多数地区根茎类蔬菜种植比例较为相似，而种植比例较高的地区主要为气候适宜且除耕地外其他农业生产资源有限的西部地区。

②按照地区消费水平、蔬菜生产发展水平以及农业资源禀赋水平可以将全国 31 个省区市划分为 6 类地区。第一类地区属于高消费水平低农业资源地区，蔬菜产品消费需求巨大；第二类地区属于高消费水平中等农业资源地区，既具有较大的蔬菜消费需求，同时蔬菜生产发展和农业资源禀赋水平也较高；第三类地区属于中等消费水平高农业资源地区，本地消费水平中等，但具有较高的农业资源禀赋，蔬菜生产发展水平也相对较高；第四类地区属于低消费水平高农业资源地区，本地蔬菜消费需求较低，但具有丰富的农业资源，蔬菜生产发展水平中等；第五类地区属于较低消费水平中等农业资源地区，本地蔬菜消费需求较低，同时农业资源禀赋处于中等水平；第六类地区属于低消费水平低农业资源地区，本地消费需求和农业生产资源禀赋均有限，第六类地区又分为两类，一类是青海、西藏地

区，这类地区与其他地区距离较远，本地蔬菜生产是主要供给来源，另一类是宁夏、海南地区，这类地区虽然资源有限，但由于区位因素，在"大流通"的市场环境下，成为重要的蔬菜供应基地。

③基于6类地区的划分，对不同种类蔬菜生产效率进行对比发现，第一类地区在各类蔬菜生产的经济技术效率和环境技术效率排名中均处于中等水平，且第一类地区纯技术效率水平较高，尤其是在环境技术效率分解方面，表明第一类地区具有较高的农业技术推广和技术指导水平；第二类地区在各类蔬菜生产的经济技术效率和环境技术效率方面均处于中等偏下水平；第三类和第四类地区效率水平整体较高，两类地区在果类蔬菜生产效率方面较有优势，同时第三类地区在叶菜类蔬菜生产方面效率较高，第四类地区在根茎类蔬菜生产方面具有效率优势，因此第三和第四类地区是未来我国蔬菜供给的主力地区；第五类地区在各类蔬菜生产中整体具有一定的效率优势，第五类地区也能够为保障蔬菜供给提供有力支持；第六类地区除在叶菜类蔬菜生产效率方面有优势外，其余品种生产效率方面表现逊色于其他地区。

7 蔬菜生产效率的时间效应及其分解

　　上文从产业、品种和地区三个角度对我国蔬菜生产效率进行了比较评价，是对当前蔬菜生产效率即资源配置水平的综合性评价。生产效率的增长是蔬菜生产发展的重要源泉，生产效率的变动关系到蔬菜生产的潜力与发展趋势，因此需要对蔬菜生产效率的变动特征进行分析。从纵向时间变动角度来看生产效率的变动、变动的分解以及分解项对时间变动趋势的贡献度反映出效率发展的类型与蔬菜未来供给能力提升的方向。因此本章将从时间的维度对蔬菜生产效率的变动及其分解进行分析。

　　许多学者针对农业生产效率的时间变动及其分解进行了大量的研究，研究结果表明，在我国农业向生产效率拉动型转变的初期，技术进步与技术效率对推动生产效率的提升具有同样重要的作用（周端明，2009），而随着转变的深入，技术效率逐渐成为阻止各农业部门或整个农业生产效率提升的主要因素，即生产效率发展转变为技术诱导型增长（全炯振，2009；匡远凤，2012；杨刚、杨孟禹，2013；高帆，2015；尹朝静等，2016；刘战伟，2017）。随着我国农业向"两型农业"转变，农业生产中环境约束的问题越来越凸显，不同研究分别从低碳（于伟咏等，2015；田云等，2015）、环境污染（张可、丰景春，2016；杜江等，2016）等多个角度对新约束下农业生产效率的变动情况进行了分析，结果与传统生产效率的结果基本一致，环境或低碳视角下农业生产效率的增长主要为技术诱导型增长。蔬菜生产方面，吕超和周应恒（2011）对1994—2007年全国各地区蔬菜生产效率变动及其分解进行了分析，结果表明技术效率是促进生产效率提升的主要因素。杨键（2010）对2004—2008年全国萝卜全要素生产率变动情况进行分析并对全国萝卜全要素生产率进行分解，发现技术效率是阻碍全要素生产率提升的因素。左飞龙和穆月英（2013）对2003—2009年全国露地番茄生产效率变动的分析结果表明，技术退步是造成生产效率退步的主要原因。

综上，整个农业生产效率的增长已经转变为技术诱导型增长，而蔬菜生产方面仍不确定。同时在蔬菜生产效率变动测算方面已有研究未考虑生产过程中的环境污染问题，而实际中蔬菜生产化肥等使用造成的环境问题已十分严重，因此有必要在分析生产效率变动时将环境污染问题纳入考虑。由于蔬菜种类众多，为便于分析，下文将以番茄为代表进行分析，主要原因有：第一，果类蔬菜较为耐储运，投入产出周期也较叶菜类长，而番茄作为果类蔬菜的代表作物，具有地区性短缺情况较少、投入产出较易计算的优点；第二，番茄属于大宗蔬菜，在我国种植范围较广泛，同时我国番茄的种植面积、产量和产值均居世界前位。最后，考虑到全国设施蔬菜的迅速发展，并且番茄种植中设施生产已占一半左右，因此将区分露地、设施生产方式分别进行测算与对比分析。

7.1 蔬菜生产效率时间效应的理论分析

生产效率的变动主要来自两方面因素的影响，一方面是技术的创新，另一方面则是除技术外的其他因素变动。其中技术的创新即技术的进步是指技术所涵盖的各种形式的知识积累与改进过程。在这一定义下技术进步常常被认为是科学研究、新技术引进的结果，即更偏向于是一个外生的冲击过程。而生产效率变动的另一影响因素是除技术外的其他因素，可以理解为在当前技术水平条件下技术效果发挥所起到的作用。在蔬菜生产的效率评价中，技术的创新主要来自农业研究机构的研发，如新品种的培育、新化肥和农药的发明、新农业机械的发明或者新型田间管理技术体系的形成。而技术效果的发挥受到包括生产者和自然环境等的影响。在蔬菜生产中，生产者的人力资本等因素直接决定了可得的生产和管理技术能否得到充分的利用，效果能否彻底地发挥从而转化为产出的增长。蔬菜作物对温度、光照等环境的要求较高，生产过程受到自然环境因素影响较大，故一些不良自然环境如水灾、低温甚至雾霾天气带来的光照不足都可能对蔬菜的最终产出造成影响，进而造成技术效果发挥不理想。

从以上对于蔬菜生产效率变动的分解中可以看出各部分均是随时间发

生变动的。技术进步方面，农业科研经费的投入促进蔬菜生产技术的持续更新，新品种、新农药化肥、新农业机械以及新的田间管理技术体系被不断地应用于生产实践中，因而蔬菜生产技术进步是动态变动的。技术效果发挥的变动主要体现在三个方面，一是随着时代的前进，新一代蔬菜种植户相较老一辈往往受教育水平更高，而信息时代的到来也使得蔬菜种植户更便于获得种植技术信息，因而更能够积极地采用先进技术并保障技术效果的发挥；二是我国农业技术推广体系不断完善，新技术培训以及补贴等农业技术推广活动能够有效使先进技术被蔬菜种植户接受并正确采用；三是自然灾害的发生往往不具有连续性，因此各年间由自然灾害带来的生产效率损失也是不断变动的。

基于上述对蔬菜生产效率变动来源的分解以及对各分解项变动机制的分析可以看出生产效率不仅仅是静态的指标，它是随着时间的推进不断变动的。因而需要对蔬菜生产效率的时间变动效应进行研究，并基于上述理论分析对其变动进行分解，探究其变动的来源，从而明确我国蔬菜生产效率随时间增长的限制因素。

7.2 蔬菜生产效率时间效应的模型构建

7.2.1 基于共前沿生产函数的 ML 生产率指数构建

蔬菜不同于一般的大田作物，设施和露地两种生产方式差别较大，因此下文将对两种生产方式下的蔬菜生产效率分别进行测算，并借助共前沿函数的分析手段对两类蔬菜生产方式的生产效率时间效应进行对比分析。

（1）不同蔬菜生产方式下的生产效率比较原理

传统的蔬菜生产即露地生产方式十分依赖环境和气候，生产周期受到自然条件的较大限制。而保护地蔬菜生产即设施生产方式的发展极大地克服了自然条件的限制，从而能够延长蔬菜生产周期乃至实现周年生产。蔬菜的露地和设施生产的自然条件限制导致其生产技术等均存在较大的差距，这使得露地和设施蔬菜生产实际所面临的生产前沿面不同。在我国，虽然露地蔬菜生产仍为最主要的生产方式，但近年来设施蔬菜生产发展迅速，在蔬菜的周年供应中起到了十分重要的作用，因此考虑到两种蔬菜生产方式技术的差别，本章将在环境技术的假定下测算 SBM 距离函数，并构建基于共前沿生产函数的 Malmquist-Luenberger 生产率指数（Meta-frontier-Malmquist-Luenberger，MML）。共前沿生产函数最早是由 Hayami 和 Ruttan（1970）提出的，最早是为了测度不同分组国家之间的农业生产率差别。Ruttan 等（1978）进一步将共前沿生产函数与包络分析相结合，提出了基于共同前沿的生产函数的效率测度方法，此后这一测算方法大多用于农业生产效率的测度。

共前沿生产函数的原理如图 7-1 所示。假设一个单投入单产出的生产过程，被评估的 DMU 整个样本被划分为三个群组：A、B、C，则三个群组分别对应三个群组前沿。而三个群组的共同前沿为群组前沿的包络线。以 B 群组中的一个 DMU 样本 B_3 为例，则技术差距比（Technology Gap Ratio，TGR）可以表示为共前沿下技术效率与群组前沿下技术效率之比：

$$TGR(x,y) = \frac{MTE}{GTE} = \frac{DB_3/DB_1}{DB_3/DB_2} = \frac{DB_2}{DB_1} \qquad (7-1)$$

其中 MTE 和 GTE 分别代表 B_3 以共同前沿面为参考和群组前沿面为参考得到的技术效率。技术差距比代表了所评价的 DMU 实际生产技术水平与共同前沿面所代表的技术水平之间的差距，技术差距比的取值范围为 [0，1]，且这一比值越小，表示群组生产技术水平与共同前沿生产技术差距越大。

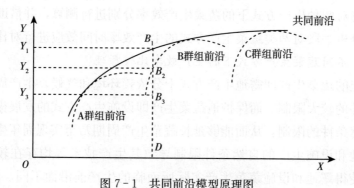

图 7-1 共同前沿模型原理图

注：参考周五七《低碳约束下中国工业绿色 TFP 增长的地区差异——基于共同前沿生产函数的非参数分析》。

（2）基于环境技术的 SBM 方向性距离函数设定

本章将延续第 5 章中对蔬菜生产的环境技术假定，运用 SBM 方法建立距离函数，以此为基础构建 MML 指数。根据 Fukuyaman 和 Weber（2009）的研究，仅考虑生产过程中期望产出最大化，投入最小化的基于 SBM 的方向性距离函数可以表示为：

$$\vec{S}(x^{t,k'},y^{t,k'},g^x,g^y) = \max_{s^x,s^y,s^b} \frac{\frac{1}{N}\sum_{n=1}^{N}\frac{s_n^x}{g_n^x} + \frac{1}{M}\sum_{m=1}^{M}\frac{s_m^y}{g_m^y}}{2}$$

$$\text{s.t. } \sum_{k=1}^{K} z_k^t x_{kn}^t + s_n^x = x_{k'n}^t, s_n^x \geqslant 0, \forall n;$$

$$\sum_{k=1}^{K} z_k^t y_{km}^t - s_m^y = y_{k'm}^t, s_m^y \geqslant 0, \forall m;$$

$$\sum_{k=1}^{K} z_k^t = 1, z_m^t \geqslant 0, \forall k$$

(7 - 2)

而考虑到生产过程中非期望产出的基于 SBM 的方向性距离函数可以表示为：

$$\vec{S}(x^{t,k'},y^{t,k'},b^{t,k'},g^x,g^y,g^b) = \max_{s^x,s^y,s^b} \frac{\frac{1}{N}\sum_{n=1}^{N}\frac{s_n^x}{g_n^x} + \frac{1}{M+I}\left(\sum_{m=1}^{M}\frac{s_m^y}{g_m^y} + \sum_{i=1}^{I}\frac{s_i^b}{g_i^b}\right)}{2}$$

$$\text{s.t. } \sum_{k=1}^{K} z_k^t x_{kn}^t + s_n^x = x_{k'n}^t, s_n^x \geqslant 0, \forall n;$$

$$\sum_{k=1}^{K} z_k^t y_{km}^t - s_m^y = y_{k'm}^t, s_m^y \geqslant 0, \forall m;$$

$$\sum_{k=1}^{K} z_k^t b_{ki}^t + s_i^b = b_{k'i}^t, s_i^b \geqslant 0, \forall i;$$

$$\sum_{k=1}^{K} z_k^t = 1, z_k^t \geqslant 0, \forall k$$

(7 - 3)

其中 $(x^{t,k'}, y^{t,k'}, b^{t,k'})$ 是第 k' 个 DMU 第 t 期的投入和产出向量，(g^x, g^y, g^b) 表示期望产出扩张、非期望产出和投入压缩的方向向量。(s_n^x, s_m^y, s_i^b) 分别代表投入、期望产出和非期望产出的松弛变量，表示生产要素的过度投入、实际期望产出的不足以及过量的非期望产出。

（3）基于共前沿生产函数的 ML 生产率指数[①]

基于共前沿生产函数的 ML 生产率指数（Metafrontier-Malmquist-Luenberger，MML）的构建与普通 ML 生产率指数相似，主要差别在于对群组和共前沿 TFP 指数的区分。假设样本可以按照生产方式的不同分为 G 个群组，共同前沿的技术集群是所有群组生产技术集的并集，所有生产技术集满足闭合、有界和凸性的假设。则可以根据基于 SBM 的方向性距离函数构建群组 TFP 指数 GLPI 和共前沿 TFP 指数 MLPI：

$$GLPI_t^{t+1} = \left[\frac{1+\vec{S}_G^t(x^t,y^t,b^t;y^t,-b^t)}{1+\vec{S}_G^t(x^{t+1},y^{t+1},b^{t+1};y^{t+1},-b^{t+1})} \times \right.$$
$$\left. \frac{1+\vec{S}_G^{t+1}(x^t,y^t,b^t;y^t,-b^t)}{1+\vec{S}_G^{t+1}(x^{t+1},y^{t+1},b^{t+1};y^{t+1},-b^{t+1})} \right]^{1/2} \quad (7-4)$$

$$MLPI_t^{t+1} = \left[\frac{1+\vec{S}_M^t(x^t,y^t,b^t;y^t,-b^t)}{1+\vec{S}_M^t(x^{t+1},y^{t+1},b^{t+1};y^{t+1},-b^{t+1})} \times \right.$$
$$\left. \frac{1+\vec{S}_M^{t+1}(x^t,y^t,b^t;y^t,-b^t)}{1+\vec{S}_M^{t+1}(x^{t+1},y^{t+1},b^{t+1};y^{t+1},-b^{t+1})} \right]^{1/2} \quad (7-5)$$

其中 $\vec{S}_G^t$（x^t，y^t，b^t；y^t，$-b^t$）和 $\vec{S}_M^t$（x^t，y^t，b^t；y^t，$-b^t$）分别代表在群组前沿和共同前沿为参考下所得到的方向性距离函数。GLPI 和 MLPI 指数分别代表了以群组前沿和共同前沿为参考的 TFP 变化率，GLPI 和 MLPI 可以分别分解为技术效率改进指数（GEC、MEC）和技术进步指数（GTC、MTC）：

$$GLPI_t^{t+1} = GEC_t^{t+1} \times GTC_t^{t+1} \quad (7-6)$$

$$GEC_t^{t+1} = \frac{1+\vec{S}_G^t(x^t,y^t,b^t;y^t,-b^t)}{1+\vec{S}_G^{t+1}(x^{t+1},y^{t+1},b^{t+1};y^{t+1},-b^{t+1})} \quad (7-7)$$

$$GTC_t^{t+1} = \left[\frac{1+\vec{S}_G^{t+1}(x^t,y^t,b^t;y^t,-b^t)}{1+\vec{S}_G^t(x^t,y^t,b^t;y^t,-b^t)} \times \right.$$

[①]　由于经济 TFP 指数与环境 TFP 指数的建立过程相同，故此处以环境 TFP 指数的构建和分解为例进行介绍。

$$\left. \frac{1+\vec{S}_G^{t+1}(x^{t+1},y^{t+1},b^{t+1};y^{t+1},-b^{t+1})}{1+\vec{S}_G^{t}(x^{t+1},y^{t+1},b^{t+1};y^{t+1},-b^{t+1})} \right]^{1/2} \quad (7-8)$$

$$MLPI_t^{t+1}=MEC_t^{t+1}\times MTC_t^{t+1} \quad (7-9)$$

$$MEC_t^{t+1}=\frac{1+\vec{S}_M^{t}(x^t,y^t,b^t;y^t,-b^t)}{1+\vec{S}_M^{t+1}(x^{t+1},y^{t+1},b^{t+1};y^{t+1},-b^{t+1})} \quad (7-10)$$

$$MTC_t^{t+1}=\left[\frac{1+\vec{S}_M^{t+1}(x^t,y^t,b^t;y^t,-b^t)}{1+\vec{S}_M^{t}(x^t,y^t,b^t;y^t,-b^t)}\times \right.$$

$$\left. \frac{1+\vec{S}_M^{t+1}(x^{t+1},y^{t+1},b^{t+1};y^{t+1},-b^{t+1})}{1+\vec{S}_M^{t}(x^{t+1},y^{t+1},b^{t+1};y^{t+1},-b^{t+1})} \right]^{1/2} \quad (7-11)$$

$GLPI$ 和 $MLPI$ 指数大于1则代表 TFP 的增长，相反则代表 TFP 的降低。在分解项中，GEC 和 MEC 大于1代表了技术效率的改善，GTC 和 MTC 大于1代表了技术前沿的外扩即技术进步，而小于1则代表技术前沿的塌陷，这一结果是产能利用率（Capacity Utilization）和劳动储备（Labor Hoarding）带来的影响技术边界扩张的"商业周期"因素（Business Cycle）造成的（王欢等，2017）。

借鉴陈谷劦和杨浩彦（2008）的分解技术，$MLPI$ 指数可以进一步做如下分解：

$$MPLI=GPLI\times\frac{MPLI}{GPLI}=GEC\times GTC\times\frac{MEC}{GEC}\times\frac{MTC}{GTC}$$

$$=GEC\times GTC\times PTCU\times PTRC \quad (7-12)$$

$$PTCU_t^{t+1}=\frac{TGR^{t+1}(x_{t+1},y_{t+1},b_{t+1})}{TGR^{t}(x_t,y_t,b_t)}$$

$$=\frac{\dfrac{1+\vec{S}_M^{t}(x^t,y^t,b^t;y^t,-b^t)}{1+\vec{S}_M^{t+1}(x^{t+1},y^{t+1},b^{t+1};y^{t+1},-b^{t+1})}}{\dfrac{1+\vec{S}_G^{t}(x^t,y^t,b^t;y^t,-b^t)}{1+\vec{S}_G^{t+1}(x^{t+1},y^{t+1},b^{t+1};y^{t+1},-b^{t+1})}} \quad (7-13)$$

$$=\frac{MEC_t^{t+1}}{GEC_t^{t+1}}$$

$$PTRC_t^{t+1} = \left[\frac{TGR^t(x_t, y_t, b_t)}{TGR^{t+1}(x_{t+1}, y_{t+1}, b_{t+1})} \times \frac{TGR^t(x_{t+1}, y_{t+1}, b_{t+1})}{TGR^{t+1}(x_t, y_t, b_t)} \right]$$

$$= \frac{\left[\dfrac{1+\vec{S}_M^{t+1}(x^t, y^t, b^t; y^t, -b^t)}{1+\vec{S}_M^t(x^t, y^t, b^t; y^t, -b^t)} \times \dfrac{1+\vec{S}_M^{t+1}(x^{t+1}, y^{t+1}, b^{t+1}; y^{t+1}, -b^{t+1})}{1+\vec{S}_M^t(x^{t+1}, y^{t+1}, b^{t+1}; y^{t+1}, -b^{t+1})} \right]^{1/2}}{\left[\dfrac{1+\vec{S}_G^{t+1}(x^t, y^t, b^t; y^t, -b^t)}{1+\vec{S}_G^t(x^t, y^t, b^t; y^t, -b^t)} \times \dfrac{1+\vec{S}_G^{t+1}(x^{t+1}, y^{t+1}, b^{t+1}; y^{t+1}, -b^{t+1})}{1+\vec{S}_G^t(x^{t+1}, y^{t+1}, b^{t+1}; y^{t+1}, -b^{t+1})} \right]^{1/2}}$$

$$= \frac{MTC_t^{t+1}}{GTC_t^{t+1}} \tag{7-14}$$

其中 $PTCU$（Pure Technologyy Catch-up）代表了纯技术追赶，反映技术差距比（TGR）的变动，当 $PTCU$ 大于 1 时，代表了 DMU 实际生产技术与共同前沿面上生产技术偏离程度的缩小，意味着技术的追赶效应。$PTRC$（Potential Technological Relative Change）代表了群组技术前沿与共同技术前沿之间的相对变化，当 $PTRC$ 小于 1 时，代表了群组技术前沿扩张速度大于共同技术前沿的扩张速度，意味着群组生产前沿对共同生产前沿的追赶效应。

7.2.2　变量设定与数据来源

对蔬菜生产效率时间效应的研究主要关注生产效率随时间变动的趋势特点。为了最大限度地延伸研究期间长度，本章将选择全国主要大中城市露地和设施番茄生产数据进行研究。所使用数据来自 2003—2017 年《全国农产品成本收益资料汇编》，考察期为 2002—2016 年。其中露地番茄数据来自北京、天津、太原、哈尔滨、合肥、福州、厦门、南昌、济南、青岛、郑州、武汉、广州、南宁、海口、重庆、贵阳、昆明、银川、乌鲁木齐等 20 个大中城市；设施番茄数据来自北京、天津、石家庄、太原、呼和浩特、沈阳、大连、长春、哈尔滨、上海、南京、杭州、宁波、合肥、济南、青岛、武汉、成都、兰州、西宁、银川、乌鲁木齐等 22 个大中城市。

根据蔬菜生产投入产出的过程，本章沿用第 5 章的投入产出变量设定，即选择劳动力工日作为劳动力投入；土地成本作为土地投入，其中包含土地租金和自由土地租金折价两部分；物质与服务费用作为资本投入，其中包含化肥、农药、农膜、机械等各方面资本投入。产出指标方面，选择番茄产量作为期望产出，将根据化肥和农田固体废弃物折算得出的农业面源污染等标排放量作为非期望产出。具体折算方法见第5章。

7.3 蔬菜生产效率时间效应测度及其分解

从时间变动角度构建全要素生产率指数对蔬菜生产效率进行分析能够考虑到技术变动和技术效率的变动，本书将使用Matlab软件构建蔬菜生产经济和环境 *TFP* 指数以探讨蔬菜生产效率的时间变动特征，同时对基于共前沿生产函数的生产效率指数进行测算，对不同类型生产方式下的蔬菜生产效率时间变动趋势进行对比分析。

7.3.1 露地蔬菜生产 *TFP* 指数及其分解

（1）露地蔬菜生产 *TFP* 指数总体情况

表7-1左侧展示了2002—2016年全国大中城市露地番茄生产的经济 *TFP* 指数和环境 *TFP* 指数及其分解。从整个考察期来看，露地番茄生产 *TFP* 指数累计增长率为−2.19%，即 *TFP* 略有下降。从露地番茄生产经济 *TFP* 的变化分解来看，整个考察期内 *TFP* 指数波动趋势与技术效率变化基本吻合，利用灰色关联度分析测得技术效率变化与经济 *TFP* 变化的灰色关联系数为0.81，而技术进步与经济 *TFP* 的灰色关联系数为0.72，2002—2016年技术效率累计下降13.6%，说明技术效率损失是造成经济 *TFP* 下降的主要原因。考察期技术进步累计增长12.08%，可见技术进步是拉动经济 *TFP* 增长的主要因素。这表明，虽然存在技术进步的拉动，但我国露地番茄生产存在较严重的投入增长与产出增长不匹配的问题。

从不同时期 *TFP* 增长波动来看，在仅考虑露地番茄期望产出时，*TFP* 指数的变动可大致分为三个阶段，第一阶段为2002—2005年，这一时期我国番茄产业处于迅速发展期，在需求的带动下番茄播种面积不断增加，与此同时，番茄生产技术和管理水平也快速提高，技术效率累计增长4.46%，而技术进步累计增长17.38%，因此这一时期露地番茄生产 *TFP* 得以快速增长，累计增长22.62%，远高于整个考察期累计增长率；第二阶段为 2005—2010 年，2005 年之后我国番茄产业步入平稳发展阶段，技术进步指数在 100% 上下波动，同时随着设施农业的发展，露地番茄播种面积不断减少，而全国尚处于城镇化率迅速增加的阶段，乡村年轻劳动力大量流失造成农业生产田间管理人员老龄化问题凸显，农业生产人力资源快速衰退，造成新技术和生产管理方式不充分的推广和应用，技术效率退步 11.40%，进而造成这一阶段露地番茄生产 TFP 增长陷入低谷期，这一时期经济 TFP 累计降低 −12.97%，其中 2005—2006 年经济 TFP 下降的幅度较大，这是因为 2005 年番茄生产受到恶劣天气影响较大，产量大幅下降；第三阶段为 2010—2016 年，这一时期我国城镇化发展步入平稳期，同时在设施农业发展的背景下，露地番茄生产的优势保持平稳下降的趋势，技术效率累计下降 6.66%，因此第三阶段露地番茄生产 TFP 也在平稳下降，整个时期累计下降 8.34%，下降速度低于第二阶段。

表 7−1 右侧展示了露地番茄环境 TFP 指数及其分解的变化趋势。从整个考察期累计变化来看，在考虑露地番茄生产过程中带来的非期望产出后，TFP 累计降低 0.05%，降低幅度小于经济 TFP。从 TFP 指数分解来看，环境技术效率变化与技术进步对环境 TFP 的贡献基本相似，灰色相关系数分别为 0.78 和 0.80，因此与经济 TFP 相比，环境 TFP 波动中技术进步的贡献度较高。环境技术效率考察期内累计降低 13.84%，下降比例略高于经济技术效率。技术进步累计增长 16.01%，增长率高于经济技术进步。可以看出，在考虑环境污染问题后，投入和产出增长的不匹配依然是造成露地番茄 TFP 下降的主要因素，但露地番茄环境友好型技术的快速发展较大程度地拉动了 TFP 的增长。

从不同时期变化来看，在考虑了环境污染因素后露地番茄 TFP 指数及其分解变化趋势与经济 TFP 指数变化较为相似。依然可以以 2005 年和 2010 年为界线分为快速增长阶段、调整阶段以及平稳发展阶段三个阶段。然而相比于经济 TFP，环境 TFP 指数变化在快速增长阶段增速更快，累计增长 24.93%，而这一增长主要得益于技术的迅速进步，技术累计增长 27.68%，即平均一年增长 8.49%。而到第二、第三阶段，环境技术效率降低的速度小于经济技术效率，这表明在考察期较早阶段环境友好的新型技术的推广取得的成果较为显著，同时也意味着尽管露地番茄生产受到劳动力流失和设施蔬菜发展的影响，但在生产的环境友好型转变方面仍取得了一定的成就。

表 7-1　2002—2016 年全国大中城市露地番茄生产 TFP 指数及其分解

年份	经济 TFP 指数及其分解			环境 TFP 指数及其分解		
	EGLPI	EGEC	EGTC	GLPI	GEC	GTC
2002—2003	1.051 9	0.917 5	1.146 4	0.951 9	0.967 7	0.983 7
2003—2004	1.124 2	1.132 1	0.993 0	1.163 4	1.045 9	1.112 3
2004—2005	1.036 9	1.005 6	1.031 1	1.128 1	0.966 7	1.167 0
2005—2006	0.881 0	0.851 5	1.034 6	0.861 3	0.901 7	0.955 2
2006—2007	0.971 7	0.976 3	0.995 3	0.975 9	0.999 2	0.976 7
2007—2008	1.072 5	1.069 1	1.003 2	1.071 3	1.030 1	1.040 1
2008—2009	0.960 7	0.990 1	0.970 2	0.987 2	0.998 8	0.988 3
2009—2010	0.986 7	1.006 9	0.970 2	0.999 0	0.999 0	1.000 0
2010—2011	1.030 2	1.015 1	1.014 9	1.028 2	1.027 5	1.000 7
2011—2012	0.965 5	0.979 8	0.985 8	0.966 6	0.973 3	0.993 1
2012—2013	0.980 7	0.991 4	0.989 2	0.977 4	0.983 7	0.993 6
2013—2014	0.967 3	0.975 9	0.991 2	0.941 4	0.979 9	0.960 7
2014—2015	0.990 3	0.999 7	0.990 6	0.996 6	0.990 3	1.006 4
2015—2016	0.980 9	0.970 7	1.010 5	0.988 6	0.996 2	0.992 4
平均	0.998 4	0.989 6	1.008 9	1.000 0	0.989 4	1.010 7
累计增长	0.978 1	0.864 0	1.120 8	0.999 5	0.861 6	1.160 1

数据来源：根据基于 SBM 的 Malmquist-Luenberger 生产率指数计算结果整理得到。

（2）露地番茄生产 TFP 指数各地区情况对比

按照地理分布，将所研究的 20 个大中城市划分为华北、东北、华东、中南、西南和西北六大区域，不同区域经济 TFP 指数及其分解的对比如图 7-2 所示。各区域中经济 TFP 有正向增长的三个区域分别是华东、中南和西南，其中西南地区增长最快，考察期平均增长 1%，其次是华东和中南地区，平均增长率分别为 0.32% 和 0.17%。华北和东北地区虽然呈负增长，但速度基本在 1% 左右。西北地区 TFP 降低速度最快，接近 3%。从 TFP 指数分解来看可以将六大区域分为两类，一类为技术进步拉动型地区，包括华北、华东、中南和西南地区；另一类为生产时间拉动型地区，包括东北和西北地区。

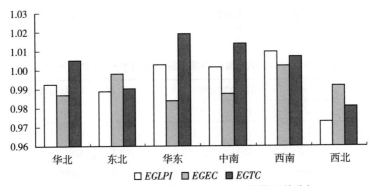

图 7-2　露地番茄各区域经济 *TFP* 指数及其分解

数据来源：根据基于 SBM 的 Malmquist-Luenberger 生产率指数计算结果整理得到。

各区域露地番茄环境 *TFP* 指数及其分解对比如图 7-3 所示。环境
TFP 正向增长的四个区域分别为东北、华东、中南和西南。华北地区环
境 *TFP* 指数略低于 1，存在轻微的下降趋势，西北地区环境 *TFP* 指数最
低。因此，华东、中南和西南地区不论是从高产高效角度还是环境友好角
度考察均是考察期内 *TFP* 增长的优势地区。同时与经济 *TFP* 相比，各
地区环境 *TFP* 指数差距较小，露地番茄经济 *TFP* 指数较低的地区如华
北和西北地区与优势地区的差距缩小，表明高产高效劣势地区可能在环境
保护型技术的应用方面表现较好。从环境 *TFP* 指数分解来看，在考虑了
环境因素后，各区域均为技术进步拉动型增长方式，各区域环境技术效率
进步率略低于经济技术效率。可见，环境友好型技术发展比较迅速，但在
实际的应用中仍有一定的欠缺。

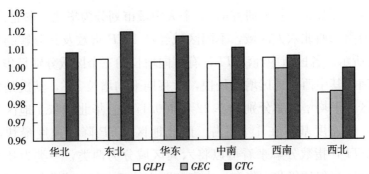

图 7-3　露地番茄各区域环境 *TFP* 指数及其分解

数据来源：根据基于 SBM 的 Malmquist-Luenberger 生产率指数计算结果整理得到。

7.3.2 设施蔬菜生产 *TFP* 指数及其分解

（1）设施蔬菜生产 *TFP* 指数总体情况

表 7-2 展示了全国大中城市设施番茄生产经济 *TFP* 指数与环境 *TFP* 指数及其分解。由表可知，2002—2016 年，全国设施番茄经济 *TFP* 略有增长，累计增长率为 0.42%。从经济 *TFP* 指数分解来看，以 2005 年为界，经济 *TFP* 前期变动趋势与技术进步相对一致，后期变动则与技术效率相对一致。技术效率和技术进步与经济 *TFP* 的灰色关联度分别为 0.812 2 和 0.805 0，表明技术效率与技术进步对设施番茄经济 *TFP* 的影响水平比较相似。考察期内技术效率和技术进步累计增长率分别为 —32.05% 和 47.79%，表明技术效率是拉低经济 *TFP* 增长的因素，而技术进步是拉动经济 *TFP* 增长的因素。设施番茄经济 *TFP* 的增长方式反映出考察期内设施条件、生产技术等的改善，而农户技术的应用和管理水平并未与新技术匹配，造成投入增长与产出增长不匹配的现象。

从不同时期角度来看，整个考察期内设施番茄经济 *TFP* 指数变动可以划分为两个阶段。第一阶段为 2002—2005 年，这一阶段经济 *TFP* 累计增长 26.06%，技术进步累计增长 67.67%，整体来看属于快速增长期，而技术效率累计增长了 24.82%，可以看出这一阶段虽然在整个番茄产业快速增长的背景下，生产技术迅速提高进而带动了 *TFP* 的快速增长，然而在需求的刺激下，实际生产中过度投入的问题较为严重。第二阶段为 2005—2016 年，这一阶段经济 *TFP* 呈现负增长趋势，累计降低 20.34%；技术效率变动趋于平稳，累计下降 9.62%；技术进步呈现负增长，累计下降 11.86%。这一阶段由于番茄产业进入发展平稳期，造成技术进步动力不足，另外，适合设施蔬菜的生产方式为技术集约型，而由于城镇化的不断发展，从事蔬菜生产的劳动力数量和质量双双下降，因此造成设施番茄生产技术创新不足。

表 7-2 右侧展示了考虑了环境污染后估计的设施番茄 *TFP* 指数及其分解。从整个考察期来看，环境 *TFP* 降低了 3.54%，略有降低。从环境 *TFP* 指数的分解来看，技术效率累计降低了 25.76%，低于经济技术效率降低的比例；技术进步累计增长率为 29.94%，低于经济技术进步增长

率。技术效率和技术进步与环境 *TFP* 指数的灰色相关系数分别为 0.79 和 0.82，表明技术效率是阻止环境 *TFP* 提升的主要因素，而技术进步是拉动环境 *TFP* 增长的主要因素，同时两个分解项中技术进步对环境 *TFP* 的贡献度更大。可见，设施番茄生产更倾向于追求高产高效的生产目标。

从环境 *TFP* 指数的发展趋势来看，依然可以以 2005 年为界线将其分为两个发展阶段。第一阶段为 2002—2005 年，这一阶段为番茄产业的快速发展期，环境 *TFP* 累计增长 19.57%，技术进步累计增长 50.92%。第二阶段为 2005—2016 年，进入第二阶段后环境 *TFP* 的变动较为平稳，但整个阶段呈现下降趋势，累计下降 19.33%，而这主要源于技术的"退步"，同样是由于番茄产业发展趋于平稳及城镇化带来农村劳动力质量和数量的下降，技术进步下降 13.9%。

表 7-2　2002—2016 年全国大中城市设施番茄生产 *TFP* 指数及其分解

年份	经济 *TFP* 指数及其分解			环境 *TFP* 指数及其分解		
	EGLPI	*EGEC*	*EGTC*	*GLPI*	*GEC*	*GTC*
2002—2003	0.971 8	0.920 4	1.055 9	0.927 9	0.902 8	1.027 9
2003—2004	1.279 1	0.997 9	1.281 8	1.254 1	1.031 5	1.215 8
2004—2005	1.014 2	0.818 6	1.238 9	1.027 5	0.850 8	1.207 7
2005—2006	0.820 6	0.835 3	0.982 4	0.921 1	0.929 7	0.990 7
2006—2007	1.056 5	1.054 4	1.001 9	1.003 2	1.006 3	0.996 9
2007—2008	1.037 3	1.049 4	0.988 5	1.015 1	1.009 3	1.005 7
2008—2009	1.005 1	1.013 0	0.992 2	0.968 3	1.005 4	0.963 1
2009—2010	0.984 7	0.978 0	1.006 9	0.992 5	0.991 7	1.000 8
2010—2011	0.928 0	0.982 0	0.945 1	0.917 1	0.971 5	0.944 1
2011—2012	1.019 7	0.989 7	1.030 3	1.037 9	1.003 2	1.034 6
2012—2013	0.992 3	1.026 6	0.966 6	1.023 8	1.031 8	0.992 2
2013—2014	0.997 0	1.001 0	0.996 0	0.989 7	1.001 7	0.988 0
2014—2015	1.010 9	1.007 4	1.003 5	1.001 3	0.998 1	1.003 2
2015—2016	0.945 6	0.980 9	0.963 9	0.926 7	0.989 8	0.936 2
平均	1.000 3	0.972 8	1.028 3	0.997 4	0.978 9	1.018 9
累计增长	1.004 2	0.679 5	1.477 9	0.964 6	0.742 4	1.299 4

数据来源：根据基于 SBM 的 Malmquist-Luenberger 生产率指数计算结果整理得到。

（2）设施蔬菜生产 TFP 指数各地区情况对比

不同区域设施番茄经济 TFP 指数及其分解如图 7-4 所示。由图可知，六大区域中仅有东北地区经济 TFP 呈正增长，其余各地区差距不大，均呈现轻微下降的趋势。另外，从各区域经济 TFP 指数分解项来看，技术进步率普遍远高于技术效率增长率，技术进步率均呈正向增长，这表明各地区设施番茄经济 TFP 增长方式均为技术进步拉动型。

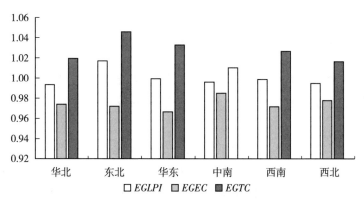

图 7-4 设施番茄各区域经济 TFP 指数及其分解

数据来源：根据基于 SBM 的 Malmquist-Luenberger 生产率指数计算结果整理得到。

图 7-5 展示了考虑环境污染后的各区域环境 TFP 指数及其分解。由图可知，六大区域中环境 TFP 呈正向增长的地区有东北和华北两个区域，其余区域中华东、西南和西北地区的环境 TFP 平均变化速度相差不

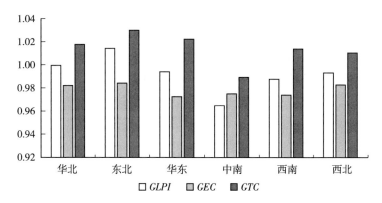

图 7-5 设施番茄各区域环境 TFP 指数及其分解

数据来源：根据基于 SBM 的 Malmquist-Luenberger 生产率指数计算结果整理得到。

大，均处于 0.98 至 1 的区间内。中南地区环境 TFP 平均变化速度最小，接近 0.96。从各区域环境 TFP 指数的分解来看，各区域技术效率进步率均小于 1，其中华北、东北和西北地区技术效率进步率为 0.98 左右，而华东、中南和西南地区技术效率进步率为 0.97 左右。除中南地区以外，各区域技术进步率均呈正向增长，其中东北地区技术进步率均值最高，为 1.03 左右，可见设施番茄生产的环境 TFP 增长方式仍为技术进步拉动型。

7.3.3　露地与设施蔬菜生产 TFP 指数对比

为了对全国露地番茄和设施番茄生产经济和环境 TFP 进行对比分析，下文将通过构建共前沿生产函数分别测算两类生产技术下的 TFP 指数。

利用共前沿生产函数计算的露地番茄和设施番茄生产经济 TFP 指数及其分解如表 7 - 3 与表 7 - 4 所示。从表 7 - 3 的各年份变动情况来看，露地番茄共前沿经济 TFP 指数变动趋势与分组前沿经济 TFP 一致。PTCU 和 PTRC 指数在各年均为 1，表明 2002—2016 年露地番茄生产的组内前沿即为共前沿面，考察期露地番茄生产的发展推动着整个番茄产业的发展。

表 7 - 3　2002—2016 年全国露地番茄生产经济 TFP 指数及其分解

年份	EMLPI	EMEC	EMTC	PTCU	PTRC
2002—2003	1.051 9	0.917 5	1.146 4	1.000 0	1.000 0
2003—2004	1.124 2	1.132 1	0.993 0	1.000 0	1.000 0
2004—2005	1.036 9	1.005 6	1.031 1	1.000 0	1.000 0
2005—2006	0.881 0	0.851 5	1.034 6	1.000 0	1.000 0
2006—2007	0.971 7	0.976 3	0.995 3	1.000 0	1.000 0
2007—2008	1.072 5	1.069 1	1.003 2	1.000 0	1.000 0
2008—2009	0.960 7	0.990 1	0.970 2	1.000 0	1.000 0
2009—2010	0.986 7	1.006 9	0.970 2	1.000 0	1.000 0
2010—2011	1.030 2	1.015 1	1.014 9	1.000 0	1.000 0
2011—2012	0.965 5	0.979 4	0.985 8	1.000 0	1.000 0

（续）

年份	EMLPI	EMEC	EMTC	PTCU	PTRC
2012—2013	0.980 7	0.991 4	0.989 2	1.000 0	1.000 0
2013—2014	0.967 3	0.975 9	0.991 2	1.000 0	1.000 0
2014—2015	0.990 3	0.999 7	0.990 6	1.000 0	1.000 0
2015—2016	0.980 9	0.970 7	1.010 5	1.000 0	1.000 0
平均	0.998 4	0.989 6	1.008 9	1.000 0	1.000 0
累计增长	0.978 1	0.864 0	1.120 8	—	—

数据来源：根据基于 SBM 的 MML 生产率指数计算结果整理得到。

表 7 - 4　2002—2016 年全国设施番茄生产经济 TFP 指数及其分解

年份	EMLPI	EMEC	EMTC	PTCU	PTRC
2002—2003	0.937 6	0.883 3	1.061 5	0.959 7	1.005 3
2003—2004	1.306 5	1.226 0	1.065 7	1.228 6	0.831 4
2004—2005	0.909 1	0.891 2	1.020 0	1.088 7	0.823 4
2005—2006	0.821 9	0.811 8	1.012 4	0.971 9	1.030 6
2006—2007	1.065 3	1.065 9	0.999 4	1.010 9	0.997 4
2007—2008	1.035 9	1.045 8	0.990 5	0.996 6	1.002 0
2008—2009	0.995 4	1.000 1	0.995 3	0.987 2	1.003 2
2009—2010	0.996 5	0.991 3	1.005 2	1.013 6	0.998 4
2010—2011	0.943 3	0.998 9	0.944 3	1.017 3	0.999 2
2011—2012	1.011 6	0.978 3	1.034 0	0.988 5	1.003 5
2012—2013	0.992 0	1.030 6	0.962 5	1.003 8	0.995 8
2013—2014	0.997 2	1.005 4	0.991 9	1.004 4	0.995 8
2014—2015	0.999 1	0.994 5	1.004 6	0.987 2	1.001 0
2015—2016	0.958 8	0.991 5	0.967 0	1.010 7	1.003 2
平均	0.993 0	0.989 7	1.003 3	1.019 2	0.977 9
累计增长	0.905 8	0.864 6	1.047 7	—	—

数据来源：根据基于 SBM 的 MML 生产率指数计算结果整理得到。

　　从表 7 - 4 中各年的设施番茄生产共前沿经济 TFP 指数及其分解来看，虽然基本变动趋势与组内经济 TFP 基本一致，但变动的幅度较小。

与露地番茄生产经济 TFP 相比，设施番茄累计增长率低于露地番茄。从 TFP 指数的分解来看，设施番茄共前沿技术效率累计增长率略高于露地番茄，而技术进步率远低于露地番茄，平均为 0.33%，考察期内累计增长率为 4.77%。同时，从 $PTCU$ 来看，大多数年份设施番茄的 $PTCU$ 大于 1，且最终平均值为 1.019 2，意味着设施番茄生产经济 TFP 虽然落后于露地番茄，然而整体来看设施番茄生产的共前沿技术效率进步率大于组内前沿技术效率进步率，即设施番茄生产各 DMU 对共前沿面上的最优 DMU 有追赶趋势，两者差距趋于减小。从 $PTRC$ 来看，大多数年份设施番茄的 $PTRC$ 小于或接近于 1，且平均值为 0.977 9，这表明设施番茄经济 TFP 指数分解中的共前沿技术进步率平均来看小于组内前沿技术进步率，反映出组内生产前沿对共同前沿的追赶效应。

利用共前沿生产函数计算的露地番茄和设施番茄生产环境 TFP 指数及其分解如表 7-5 与表 7-6 所示。从全国露地番茄和设施番茄生产共前沿环境 TFP 指数及其分解变动来看，各指数变动趋势与组内环境 TFP 基本一致。说明在考虑共同前沿面后，虽然测算 TFP 指数绝对值大小有所变化，但整体来看不论是露地番茄还是设施番茄受番茄产业的发展变动及外在社会经济自然环境的影响变动趋势都相对一致。通过对比两类模式下的番茄生产 TFP 指数可以看出，整体来看露地番茄生产 TFP 增长率略高于设施番茄，表明在考虑环境因素后，露地番茄生产在 TFP 方面优于设施番茄。从环境 TFP 指数的分解项对比来看，技术效率进步率方面设施番茄的增长率高于露地番茄，这表明随着设施蔬菜的发展，更多的生产资本包括人力资本投入到设施生产方式中，使设施番茄生产在资源配置、技术利用等方面有更好的表现。而从技术进步方面来看，考察期间，以共前沿面为参考，露地番茄技术进步累计增长 16.29%，而设施番茄累计增长率为 3.46%，远低于露地番茄，同时与经济 TFP 共前沿分析的差距相比，在考虑了环境因素后露地番茄和设施番茄的这一差距更大，表明设施番茄在考虑可持续生产方面的技术进步逊色于露地番茄，且设施番茄生产过程中造成的环境污染问题可能更为严重，这一结果也与设施番茄高集约化的生产特点相一致。

从 $PTCU$ 和 $PTRC$ 来看，2002—2004 年露地番茄的 $PTCU$ 和 $PTRC$

均为 1，表明在考察初期露地番茄的组内前沿面与共同前沿面重合，即露地番茄推动共同前沿面的变动。与共前沿经济 *TFP* 变动不同，2004 年之后露地番茄的组内前沿面与共前沿面不再重合。整个考察期内，露地番茄 *PTCU* 均值为 0.999 5，略小于 1，表明露地番茄组内技术效率进步率大于共前沿技术效率进步率，即露地番茄生产 DMU 与共前沿面之间存在略微的技术差距拉大效应。*PTRC* 均值为 1.000 2，这意味着露地番茄共前沿技术进步率大于组内技术进步率，显示出组内生产前沿与共同生产前沿技术差距的扩大。而设施番茄的情况恰恰相反，平均 *PTCU* 为 1.014 5，即设施番茄生产的共前沿技术效率进步率高于组内技术效率进步率，表明了设施番茄 DMU 对共前沿面的技术追赶；*PTRC* 平均值为 0.984 3，即共前沿技术进步率低于组内技术进步率，反映出组内技术前沿对共同前沿面的追赶。

表 7 - 5　2002—2016 年全国露地番茄生产环境 *TFP* 指数及其分解

年份	MLPI	MEC	MTC	PTCU	PTRC
2002—2003	0.951 9	0.967 7	0.983 7	1.000 0	1.000 0
2003—2004	1.163 4	1.045 9	1.112 3	1.000 0	1.000 0
2004—2005	1.134 4	0.956 0	1.186 6	0.988 9	1.016 8
2005—2006	0.866 3	0.907 8	0.954 2	1.006 8	0.999 0
2006—2007	0.975 8	0.997 0	0.978 7	0.997 8	1.002 1
2007—2008	1.069 5	1.033 1	1.035 2	1.003 0	0.995 4
2008—2009	0.970 8	0.990 0	0.980 7	0.991 1	0.992 2
2009—2010	0.998 9	1.005 9	0.993 1	1.006 9	0.993 1
2010—2011	1.024 9	1.031 1	0.994 0	1.003 5	0.993 3
2011—2012	0.971 6	0.973 8	0.997 7	1.000 5	1.004 6
2012—2013	0.977 2	0.984 1	0.993 0	1.000 4	0.999 5
2013—2014	0.941 5	0.979 0	0.961 7	0.999 1	1.001 0
2014—2015	0.997 1	0.990 5	1.006 6	1.000 2	1.000 3
2015—2016	0.988 6	0.990 9	0.997 7	0.994 7	1.005 3
平均	0.999 6	0.988 9	1.010 8	0.999 5	1.000 2
累计增长	0.994 6	0.855 3	1.162 9	—	—

数据来源：根据基于 SBM 的 MML 生产率指数计算结果整理得到。

表 7 – 6　2002—2016 年全国设施番茄生产环境 *TFP* 指数及其分解

年份	*MLPI*	*MEC*	*MTC*	*PTCU*	*PTRC*
2002—2003	0.935 3	0.983 5	0.951 1	1.089 4	0.925 3
2003—2004	1.231 8	1.076 5	1.144 2	1.043 6	0.941 1
2004—2005	0.991 5	0.895 3	1.107 4	1.052 3	0.917 0
2005—2006	0.902 7	0.926 6	0.974 2	0.996 6	0.983 3
2006—2007	1.030 5	1.027 8	1.002 7	1.021 3	1.005 8
2007—2008	1.012 4	1.003 6	1.008 7	0.994 4	1.003 0
2008—2009	0.975 2	1.013 4	0.962 3	1.007 9	0.999 2
2009—2010	0.981 8	0.982 7	0.999 0	0.990 9	0.998 3
2010—2011	0.934 4	0.997 3	0.936 9	1.026 6	0.992 4
2011—2012	1.033 8	0.992 6	1.041 5	0.989 5	1.006 6
2012—2013	1.009 8	1.021 3	0.988 7	0.989 8	0.996 5
2013—2014	1.000 4	1.005 4	0.995 1	1.003 7	1.007 2
2014—2015	1.001 5	1.000 1	1.001 4	1.002 0	0.998 2
2015—2016	0.928 3	0.984 6	0.942 8	0.994 8	1.007 0
平均	0.995 2	0.992 7	1.002 4	1.014 5	0.984 3
累计增长	0.934 3	0.903 1	1.034 6	—	—

数据来源：根据基于 SBM 的 MML 生产率指数计算结果整理得到。

7.4　本章小结

蔬菜生产效率并不是静态的指标，其随着生产技术和技术效率的变动而变化。为了探究蔬菜生产效率时间维度的变化趋势，本章构建基于 SBM 的 Malmquist-Luenberger 指数分别对蔬菜生产经济技术效率和环境技术效率的变动趋势及其分解进行分析。另外，考虑到蔬菜生产方式的差异，构建 MML 指数对露地和设施生产方式下的蔬菜生产效率变动差异进行了比较，主要结论如下：

①2002—2016 年露地蔬菜经济和环境 *TFP* 整体均呈现微弱的退步趋势，主要原因是技术效率的退步，即露地蔬菜 *TFP* 为技术进步拉动型；露地蔬菜经济和环境 *TFP* 的发展可以分为三个阶段，2005 年以前属于快

速增长阶段，2005—2010 年属于调整阶段，2010—2016 年属于平稳发展阶段；环境 TFP 的增长幅度大于经济 TFP，环境技术进步率明显大于传统技术进步率；六大区域中，华东、中南和西南地区是经济和环境 TFP 增长的优势地区，各地区环境 TFP 增长均属于技术进步拉动型，而经济 TFP 增长方式方面则各有不同。

②2002—2016 年设施蔬菜经济 TFP 呈现正向增长的趋势，技术效率退步情况较为严重，属于技术进步强势拉动型增长；环境 TFP 略有下降，主要原因仍是技术效率的退步，从生产效率发展倾向来看，设施蔬菜生产更倾向追求高产高效的生产目标；经济和环境 TFP 增长可分为两个阶段，2005 年以前为快速增长期，2005 年之后技术效率增长趋于平稳，但技术进步后劲不足；从六大区域的 TFP 增长方式来看，经济和环境 TFP 均为技术进步拉动型增长方式。

③采用基于共前沿生产函数的 MML 指数对比露地和设施蔬菜 TFP 差异，2002—2016 年露地蔬菜经济 TFP 前沿处于共前沿面上，即露地蔬菜生产拉动整个蔬菜生产的发展；设施蔬菜经济 TFP 增长率低于露地蔬菜，主要原因是技术进步的速度相对较慢，但设施蔬菜 TFP 及其组内前沿对共前沿面呈现出追赶效应；露地蔬菜环境 TFP 增长率略高于设施蔬菜，设施蔬菜与露地蔬菜技术进步的差距相对经济 TFP 来说更大，即设施蔬菜生产中环境问题较为严重；露地蔬菜生产效率与共前沿面之间的差距存在轻微扩大的趋势，而设施蔬菜组内技术前沿对共前沿面呈现不断追赶的趋势。

8 蔬菜生产效率的空间变动及其收敛性

从前文分析中可以得出关于蔬菜生产效率当前水平与变动特征地区差异的初步结论，而地区效率水平分布的变动趋势反映了其横向空间维度的变动特征。本章将进一步从地区差异变动的角度对蔬菜生产效率的特征进行分析。由于农业生产中资源和气候等自然条件的连通性、农业生产要素的流动性以及农业技术的外溢，地区之间的农业生产可能产生相互影响进而形成生产效率的空间相关性。效率的空间相关性反映出地区效率变动的关联性，而除了空间关联性外，地区之间蔬菜生产效率变动是否存在收敛性反映出效率地区差异的变动整体趋势。因此，考察蔬菜生产效率的空间相关性以及收敛性是从动态角度对效率地区水平分布变化趋势的探讨。

已有许多关于农业生产效率的研究针对收敛性做出了分析，赵蕾等（2007）采用面板数据单位根检验法对中国农业全要素生产率的条件 β 收敛进行了检验。曾先峰和李国平（2008）、李谷成（2009）采用 Malmquist 指数求解了中国农业全要素生产率并对 σ 收敛、绝对 β 收敛和条件 β 收敛等进行了检验，印证了中国农业生产全要素生产率的 σ 收敛和条件 β 收敛。高帆（2015）检验了中国省域农业全要素生产率的收敛性，结果表明中国农业生产率呈现出发散格局。匡远凤（2012）采用随机前沿分析方法从劳动生产率角度探究了中国生产率的变化及其分解，结果表明中国农业劳动生产率在考察期间发散和收敛趋势交替出现。史常亮等（2016）采用基于随机前沿函数的曼奎斯特生产率指数测算了省域农业全要素生产率，结果表明农业全要素生产率不存在随机收敛效应。可见，大多数研究均得出我国农业生产效率存在收敛性的结论。而关于蔬菜生产效率的收敛性检验中，孔祥智等（2016）以设施番茄为例进行分析，认为蔬菜生产的技术效率存在收敛性。

综上，在不同地区蔬菜的生产过程中生产要素和技术存在流动性和溢出效应，进而可能会使不同地区之间的蔬菜生产效率存在空间上的相互关联以及发展趋同的收敛特征。以往关于蔬菜地区特征的研究仅仅在大区域的差异方面进行简单对比，关于蔬菜生产效率收敛检验的相关研究也忽略了地区之间经济和生产基础的差异以及地区之间可能存在的效率的空间关联性。因此，为了对蔬菜生产效率的空间特征进行全面的分析，本章将首先对效率的空间相关性进行检验，并在此基础上构建空间计量模型对蔬菜生产效率的收敛性进行检验。同时，考虑到不同地区之间生产和经济等基础条件的差异，在收敛性检验中纳入影响因素进行条件收敛性检验。

8.1 蔬菜生产效率空间相关性的理论分析

空间相关性是指不同地区某一变量之间存在的依赖性。蔬菜生产效率的空间相关性体现在两方面，一是生产基本资源条件的关联性，二是蔬菜生产技术的外溢性。生产基本资源条件的关联性主要是指距离较近地区的气候、土地等自然环境的相似性。我国幅员辽阔，自然地理环境多种多样，从海拔 5 000 多米的高原地带到北温带寒冷气候区，从干旱半干旱的雨养农业区到降水充沛的长江中下游地区均能够进行蔬菜生产。按照《全国蔬菜产业发展规划（2011—2020 年）》对蔬菜产区的划分，可以将全国划分为华南与西南热区冬春蔬菜、长江流域冬春蔬菜、黄土高原夏秋蔬菜、云贵高原夏秋蔬菜、北部高纬度夏秋蔬菜、黄淮海与环渤海设施蔬菜六个优势区域。根据划分标准，同一产区内部各地区之间具有较为相似的地理气候和区位优势，即生产基本资源条件具有关联性。

农业生产技术具有不完全专有性，农业技术的溢出性来自农业生产技术应用的非竞争和部分排他属性（肖小勇，2014），因此会在农业产业布局中产生分散力，使农业产业更倾向于对称结构。从蔬菜生产的基本单位——蔬菜种植户角度来看，由于不同地区农业研发投资不同，且不同资源禀赋蔬菜种植户习得新技术的能力不同，造成蔬菜种植户之间存在新技术获取先后的差距。先获得技术的蔬菜种植户即技术先行者拥有更高的生产效率，而技术的溢出效应使得其他蔬菜种植户能够通过不断地模仿学习获得技术进而提高生产效率。后习得技术的蔬菜种植户利用技术溢出效应获得"后发优势",对技术先行者不断赶超,长期来看生产效率趋向收敛,蔬菜整体生产效率得到提高。

已有研究表明蔬菜生产存在空间集聚的趋势,区域蔬菜生产集中水平对距离相近和经济特征相近的省域存在显著的正向空间溢出效应(彭晖等,2017;纪龙、吴文劼,2015;吴文劼,2015),反映出区域蔬菜生产中的技术溢出和基本资源条件的关联性能够对蔬菜生产布局产生影响。蔬菜生产的空间集聚现象一方面印证了地区之间技术溢出和基本资源条件的关联性,证实了效率空间相关性的可能性;另一方面,蔬菜生产空间集聚的形成也能够促进蔬菜生产效率空间相关性这一结论证实了蔬菜生产中存在技术溢出和基本资源条件的关联性,进而说明了蔬菜生产效率空间相关存在的可能性。因此本章将对全国蔬菜生产效率的空间相关性及空间变动态势进行分析和讨论。

8.2　蔬菜生产效率的空间相关性检验

由于蔬菜生产效率的高低不仅受到人为因素的影响,还受到环境因素影响,而自然环境在各区域之间常常是彼此相连通的,另外,蔬菜生产效率的影响因素如技术、生产要素质量、数量等都存在一定的外溢性,因此蔬菜生产效率可能存在一定的空间关联性。为了检验地区之间蔬菜生产效率是否存在空间相关性,本节将在第 7 章蔬菜生产效率测算结果的基础上引入 Moran's I 指数进行分析。蔬菜生产效率的空间 Moran's I 指数计算公式为:

$$I = \frac{n \sum\limits_{i=1}^{n} \sum\limits_{j=1}^{n} w_{ij} (TFP_i - \overline{TFP})(TFP_j - \overline{TFP})}{S^2 \sum\limits_{i=1}^{n} \sum\limits_{j=1}^{n} w_{ij}} \qquad (8-1)$$

其中 TFP_i 和 TFP_j 分别为 i 和 j 地区的蔬菜生产全要素生产率指数,即第 5 章所计算出的 TFP 指数;$\overline{TFP}$ 为各地区蔬菜生产 TFP 指数的平均值,S^2 为其方差;w_{ij} 为空间权矩阵中 i 和 j 地区的空间权重。不同的空间权重矩阵会对 Moran's I 指数产生较大的影响,根据蔬菜生产的特点,一方面邻近地区之间可能会具有相似的环境气候,同时会有更密切的经济往来从而产生空间溢出效应；另一方面在物流交通迅速发展的大背景下，具有相似蔬菜种植结构的地区之间可能具有更好的技术和要素流动基础，从而产生空间相关性。基于上述两种原因，下文选择由地区之间地理距离平方的倒数构造的地理距离矩阵以及由地区蔬菜种植比例差距的倒数构造的经济距离矩阵分别作为空间权重矩阵进行蔬菜生产效率的空间相关性分析。2002—2016 年露地与设施蔬菜全要素生产率的 Moran's I 指数如图 8-1 和图 8-2 所示。

从图 8-1 可以看出，利用经济距离权重矩阵计算的露地蔬菜经济和环境 TFP 的 Moran's I 指数历年虽然存在波动，但大多数年份均大于 0，说明露地蔬菜经济和环境 TFP 整体存在较为显著的空间正向相关关系。另外对比地理距离权重结果可以看出，经济距离权重矩阵计算出的空间集聚效应更为显著，说明不同地区露地蔬菜 TFP 的空间集聚主要体现在具有相似蔬菜种植结构的地区之间。

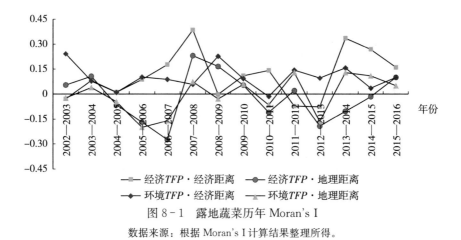

图 8-1 露地蔬菜历年 Moran's I

数据来源：根据 Moran's I 计算结果整理所得。

从图 8-2 可以看出，设施蔬菜经济 TFP 的 Moran's I 指数测算结果中，采用经济距离空间权重矩阵的 Moran's I 指数除个别年份外均大于 0，而采用地理距离空间权重矩阵的 Moran's I 在 0 上下不断波动，且波动幅度较小，说明设施蔬菜经济 TFP 存在显著的空间正向相关关系，且这种空间聚集效应主要体现在具有相似蔬菜种植结构的地区之间。设施蔬菜环境 TFP 的 Moran's I 指数测算结果则恰好相反，采用地理距离空间权重矩阵的 Moran's I 估计值大于采用经济距离空间权重矩阵的 Moran's I 估计值，且大多数年份大于 0，说明对于设施蔬菜的环境 TFP 来说空间集聚效应主要体现在邻近地区之间。

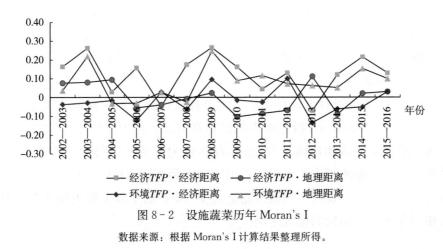

图 8-2　设施蔬菜历年 Moran's I

数据来源：根据 Moran's I 计算结果整理所得。

8.3　蔬菜生产效率的收敛性检验

从以上分析可以看出，蔬菜生产效率在地区之间的分布存在一定的空间集聚效应。为了从时间维度进一步研究蔬菜生产效率地区差异的变化特征，下面将采用收敛性研究进行分析。按照收敛方式的不同，经济收敛性包含俱乐部收敛、σ 收敛、绝对 β 收敛和条件 β 收敛。其中 σ 收敛、绝对 β 收敛和条件 β 收敛模型是较为常见的收敛模型，同时也是在生产效率收敛性检验中最常使用的模型。考虑到不同地区之间蔬菜生产效率的空间相关性，将在三类收敛性检验中纳入空间相关性因素得到经过修正后的检验结果。

8.3.1　收敛检验

（1）σ 收敛性原理及模型的构建

σ 收敛性是指地区之间经济特征的差异随着时间推移而趋于缩小。一般使用全部样本经济特征值的离差代表这一差异，当离差随时间减小时则

代表经济特征存在 σ 收敛性。假设样本中存在 n 个地区，总考察时期为 T，则第 t 期传统的 σ 收敛检验特征值可以表示为：

$$\sigma_t = \sqrt{\frac{1}{n}\sum_{i=1}^{n}\left(\ln TFP_{i,t} - \frac{1}{n}\sum_{i=1}^{n}\ln TFP_{i,t}\right)^2}, i=1,2,\cdots,n; t=1,2,\cdots,T$$

$$(8-2)$$

其中 $TFP_{i,t}$ 为第 i 个地区第 t 时期的蔬菜生产 TFP，σ_t 为 n 个地区第 t 时期蔬菜生产 TFP 对数值的标准差。如果满足 $\sigma_t < \sigma_{t+1}$，则称这 n 个地区的蔬菜生产 TFP 存在 σ 收敛性。为了将空间相关性纳入蔬菜生产效率 σ 收敛性检验中，可以将传统 σ 收敛性检验方程改写为常数回归的形式，并在此基础上将空间权重矩阵引入（林光平等，2006）。令式（8-2）中 $pc_{i,t} = \ln TFP_{it}$，$pc_t = \frac{1}{n}\sum_{i=1}^{n}\ln TFP_{i,t}$，则可以得到常数回归模型：

$$pc_{i,t} = pc_t + \varepsilon_{i,t} \qquad (8-3)$$

对式（8-3）回归得到残差项的方差估计值即为 σ_t^2。式（8-3）的回归估计中包含着各个地区之间不存在相关性的假定，即空间不相关。因此为了将空间相关性因素纳入分析，得到空间 σ 收敛性检验方程，可以将式（8-3）改写如下：

$$pc_t = \alpha_t + \lambda_t W \cdot pc_t + \varepsilon_{i,t} \qquad (8-4)$$

式（8-4）可以等价地表示为均值形式：

$$pc_{i,t} = \mu_{i,t} + \varepsilon_{i,t}$$

$$\mu_{i,t} = \alpha_t + \lambda_t W_i \cdot pc_t = \alpha_t + \lambda_t \sum_{j=1,j\neq i}^{n} w_{ij} \cdot pc_{j,t} \qquad (8-5)$$

其中 W_i 表示空间权重矩阵中的第 i 行向量。因此，蔬菜生产效率的均值就是一个与其他地区蔬菜生产效率相关的变量。对式（8-5）进行回归，得到残差项的方差估计值即为考虑空间相关性的修正后 σ_t^2。

本章将利用第5章计算得出的番茄生产 TFP 指数数据，在纳入空间相关性的基础上，分别对露地和设施生产条件下的番茄生产 TFP 指数的 σ 收敛性进行检验。在计算空间相关性修正后的 σ 收敛特征值时，对露地番茄以及设施番茄的经济 TFP 收敛性检验采用经济距离权重矩阵，对设施番茄的环境 TFP 收敛性检验采用地理距离权重矩阵。

（2）σ收敛检验结果

图 8-3 展示了露地番茄生产的经济和环境 *TFP* 指数σ收敛性检验结果。从图中可以看出，露地番茄的经济 *TFP* 指数的σ值在 2002—2004 年先存在短暂的上升趋势，2003—2004 年达到了 0.2 以上，但随后不断降低，2015—2016 年σ值降低至接近 0.05，表明各地区之间番茄经济 *TFP* 指数的差异存在较为显著的缩小趋势，即存在σ收敛性。通过与空间相关性修正后的σ值对比可以发现，整体来讲经过修正后，露地番茄经济 *TFP* 指数收敛速度相对更快一些，这表明在具有相似蔬菜种植结构的地区之间σ收敛性更强。

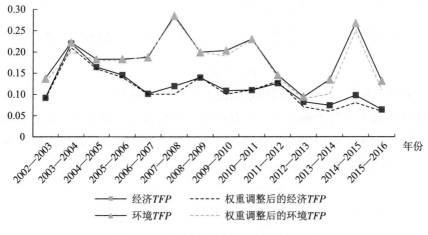

图 8-3 露地番茄生产 *TFP* 指数σ收敛
数据来源：根据σ收敛计算结果整理得到。

从露地番茄环境 *TFP* 指数σ收敛性来看，整个考察期并不存在明显的整体收敛趋势。与露地番茄的经济 *TFP* 指数σ值相似，2002—2004 年存在短暂的上升趋势。从 2003 年到 2010 年σ值始终保持在较高的水平上，平均值为 0.21，且在 2007—2008 年存在阶段性上升。2010—2013 年，σ值存在明显下降趋势，2012—2013 年下降至 0.09，但随后又大幅度增加，2014—2015 年达到 0.27，2015—2016 年又下降至 0.13 的较低水平。因此露地番茄的环境 *TFP* 指数不存在σ收敛性，且年度之间敛散性波动较为显著，这可能是因为与传统的高产高效型技术不同，环境友好型技术的推广与应用较晚且在不同地区之间的应用基础不同,技术效果的显现存在时间差,所以造成了环境 TFP 指数 σ 收敛值的反复波动。通过与修正后的 σ 值进行对比可以发现,经过修正后的更小,表明在具有相似蔬菜种植条件的地区之间环境 TFP 指数更偏向于 σ 收敛。

图 8-4 展示了设施番茄生产 TFP 指数的 σ 收敛性检验特征值变化。从经济 TFP 指数方面来看, σ 值呈现先上升后波动下降的趋势。具体来说,2002—2004 年 σ 先大幅度上升,从 0.10 增加至 0.26;随后 2003—2007 年呈现波动中保持稳定的趋势,这一时期设施番茄经济 TFP 指数在各省之间的差异较大, σ 平均值为 0.23;2007 年之后, σ 值呈现波动中下降的趋势,2008—2009 年下降至与 2002—2003 年相同的水平。这表明各地区设施番茄生产 TFP 指数在考察早期呈现一定的发散趋势,但是在近些年呈现逐渐收敛的趋势。与修正后的 σ 值对比可以发现,修正后的 σ 值略小于未修正的 σ 值,表明蔬菜种植结构相似的地区之间存在更强的 σ 收敛性特征。

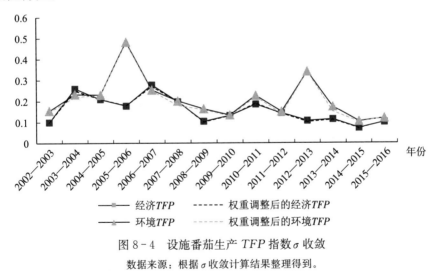

图 8-4　设施番茄生产 TFP 指数 σ 收敛

数据来源:根据 σ 收敛计算结果整理得到。

从设施番茄的环境 TFP 指数 σ 收敛性来看,整个考察期 σ 值波动较大,但总体趋势呈现一定的 σ 收敛性。具体来说,整个考察期内 σ 值出现两次高峰。从 2002—2003 年的 0.15 开始 σ 值持续上升,到 2005—2006年达到第一次高峰, σ 值为 0.48,之后呈现不断下降的趋势,2009—2010

年达到一个较低值 0.13；2010 年之后再次上涨，2012—2013 年达到第二次高峰，σ 值为 0.24，2013 年之后又持续下降，2015—2016 年达到了 0.12，为整个考期内的最低值。从波动过程可以看出，从第一次高峰到第二次高峰，虽然 σ 值上升和降低的趋势交替出现，但波动的幅度越来越小，且均值存在下降的趋势。可见各地区设施番茄生产 TFP 指数在考察期内呈现收敛和发散交替出现的情况，但总体在向着收敛的方向发展。这可能是因为在设施番茄生产中也存在环境友好型技术在不同地区之间的应用和推广基础不同的情况，从而造成地区之间技术效果的显现存在时间差。对比经过修正的 σ 值可以看出，相对来讲经过修正的 σ 值低于未经过修正的 σ 值，这表明距离相对较近地区的设施番茄环境 TFP 指数更趋向于收敛。

8.3.2 绝对 β 收敛与条件 β 收敛

（1）绝对 β 收敛与条件 β 收敛原理及模型的构建

β 收敛是指地区之间经济特征值的增长率与经济特征值存在负向关系，即经济特征值水平越高的地区增长率越低，而相反经济特征值水平越低的地区增长率越高，最终使得初始经济特征值较低的地区不断以较快速度增长，从而向较高的经济特征值收敛的现象。经典的 β 收敛模型包含两类，一类是绝对 β 收敛模型，另一类是条件 β 收敛模型（Barro，1992）。绝对 β 收敛包含了收敛地区之间的基本经济特征相同的假定，绝对 β 收敛中每一个地区最终均能达到同样水平的均衡稳态。条件 β 收敛中假定每一个地区的均衡稳态受到自身经济特征的影响，每一个地区收敛于自身的稳态水平。

为了检验蔬菜生产效率的 β 收敛性，同时将地区之间蔬菜生产的关联性纳入分析框架，下文将建立空间面板数据模型分别对露地番茄和设施番茄经济 TFP 和环境 TFP 指数进行分析。按照空间依赖性的不同表现形式，空间计量模型可以分为 3 种基本模型，即空间自回归模型（Spatial Auto-Regressive Model，SAR）、空间误差模型（Spatial Error Model，SEM）和空间杜宾模型（Spatial Dubin Model，SDM）。根据不同类型空间计量模型建立的蔬菜生产效率 β 收敛检验模型如下：

空间面板自回归模型（SAR）的 β 收敛的估计公式为：

$$\ln\left(\frac{TFP_{i,t}}{TFP_{i,t-1}}\right) = \alpha + \phi Z_{i,t} + \lambda \sum_{j=1}^{n}\left[w_{ij}\ln\left(\frac{TFP_{j,t}}{TFP_{j,t-1}}\right)\right] +$$

$$\beta\ln(TFP_{i,t-1}) + u_i + v_t + \varepsilon_{i,t}$$

$$(8-6)$$

空间面板误差回归模型（SEM）的 β 收敛的估计公式为：

$$\ln\left(\frac{TFP_{i,t}}{TFP_{i,t-1}}\right) = \alpha + \phi Z_{i,t} + \beta\ln(TFP_{i,t-1}) + u_i + v_t + \varphi_{i,t}, \varphi_{i,t}$$

$$= \eta \sum_{j=1}^{n}(w_{ij}\varphi_{j,t}) + \varepsilon_{i,t}$$

$$(8-7)$$

空间杜宾模型（SDM）的 β 收敛的估计公式为：

$$\ln\left(\frac{TFP_{i,t}}{TFP_{i,t-1}}\right) = \alpha + \phi Z_{i,t} + \lambda \sum_{j=1}^{n}\left[w_{ij}\ln\left(\frac{TFP_{j,t}}{TFP_{j,t-1}}\right)\right] + \beta\ln(TFP_{i,t-1}) +$$

$$\omega \sum_{j=1}^{n}\left[w_{ij}\ln(TFP_{j,t-1})\right] + \theta \sum_{j=1}^{n}(w_{ij}Z_{j,t}) + u_i + v_t + \varepsilon_{i,t}$$

$$(8-8)$$

式（8-6）、式（8-7）、式（8-8）中，$TFP_{i,t}$ 和 $TFP_{i,t-1}$ 分别代表区域 i 在 t 和 $t-1$ 时期的露地和设施番茄经济或环境 TFP 变动，$\ln\left(\frac{TFP_{i,t}}{TFP_{i,t-1}}\right)$ 为其变化速度；w_{ij} 为地区 i 的空间权矩阵中 j 区域的权重；λ、η、θ 为空间回归系数；$Z_{j,t}$ 为计算条件收敛时考虑的环境影响变量；ϕ 为各影响因素的弹性系数，当 ϕ、ω、$\theta = 0$ 时，以上方程为绝对 β 收敛模型，当 ϕ、ω、$\theta \neq 0$ 时，以上方程为条件 β 收敛模型；β 为收敛判定系数，当 $\beta < 0$ 且显著时，表明存在绝对或条件 β 收敛；u_i 表示空间固定效应，v_t 表示时间固定效应，$\varepsilon_{i,t}$ 为误差项 $[\varepsilon_{i,t} \sim i.i.d\ (0, \delta^2)]$；$\varphi_{i,t}$ 表示空间自相关误差项。

本章将利用第 5 章计算得出的番茄生产 TFP 指数数据，建立空间面板数据模型，分别对露地和设施生产条件下的番茄生产 TFP 指数的绝对 β 和条件 β 收敛性进行检验。在条件 β 收敛模型中，番茄生产 TFP 影响因素的选择依据已有文献的研究成果，从蔬菜生产自然环境、农业科技水平、地区农业生产发展水平和蔬菜生产相对优势等四个方面考虑，选择地区农业生产产值占 GDP 比重（*Agriculture GDP*）、蔬菜播种面积占农作物播种面积比重（*Vegetable Area*）、农业生产受灾面积占播种面积比例（*Disaster*）以及农业科研投入占地区科研总投入比例（*R&D*）等四个环境影响变量。

（2）绝对 β 收敛检验结果

在建立绝对 β 收敛模型进行检验时，首先要对空间面板模型的设定类型进行检验。空间面板数据模型的检验主要分为两类，一类是针对是否应当建立空间计量模型以及何种空间计量模型的检验，另一类是针对建立何种效应的面板数据模型的检验。绝对 β 收敛模型设定的各项检验结果如表 8-1 所示。Moran 检验是针对普通模型回归后残差中是否存在空间相关性的检验，从检验结果可知，露地和设施番茄生产的经济 *TFP* 和环境 *TFP* 绝对 β 收敛模型中均存在显著的空间相关性，因此应当采用空间面板数据模型。LM 和 Robust LM 检验是针对空间计量模型中通过滞后项或误差项带来的空间相关性是否显著的检验。从检验结果可以看出在露地番茄的绝对 β 模型中，空间滞后项和误差项的空间效应均显著，但是从 LM 检验值的相对大小来看，空间误差项的空间效应更为显著。设施番茄模型中，仅有空间误差项显著。Wald 检验是针对 SDM 模型是否优于 SAR 或 SEM 模型的检验，若在露地番茄经济 *TFP* 指数检验模型中 Wald-LAG 检验显著，则 SDM 模型优于 SAR 模型，而 Wald-ERR 模型检验结果并不显著，因此 SDM 模型并不优于 SEM 模型。除此以外，其余模型中的 Wald 检验均不显著，表明 SDM 模型的设定并不会改善模型估计的拟合程度。从以上关于空间计量模型设定的检验中可以看出，在各个绝对 β 收敛模型中采用 SEM 模型较为合理。

在面板数据模型设定检验方面，LR 空间固定效应检验结果均不显著，表明对露地和设施番茄的经济和环境 *TFP* 指数绝对 β 收敛性检验模型中均不存在空间固定效应。LR 时间固定效应检验结果均通过 1% 的显著性检验，表明存在较为显著的时间固定效应，应当采用时间固定效应模型。

表 8-1 绝对 β 收敛模型设定检验

检验类型	检验名称	露地番茄		设施番茄	
		经济 *TFP*	环境 *TFP*	经济 *TFP*	环境 *TFP*
空间计量模型检验	Moran 检验	6.338 2***	4.784 7***	5.062 2***	2.588 7***
	LM-LAG 检验	3.531 2*	1.184 2	6.813 8***	0.702 9
	LM-ERR 检验	37.704 7***	21.263 5***	24.340 2***	6.099 2***
	Robust LM-LAG 检验	9.713 4***	4.353 2**	1.528 4	1.077 2
	Robust LM-ERR 检验	43.887 0***	24.432 4***	19.054 8***	6.473 5**
	Wald-LAG 检验	3.753 0*	1.275 5	0.074 2	0.117
	Wald-ERR 检验	2.498 5	0.715 1	0.08	0.169 1
面板数据模型检验	LR 空间固定效应检验	10.804 3	7.730 7	9.650 4	7.875 8
	LR 时间固定效应检验	57.974 8***	50.120 2***	90.993 3***	41.559 5***

注：表格中 *、**、*** 分别表示在 10%、5%、1% 的显著性水平下通过检验。
数据来源：根据空间计量模型检验结果整理得到。

表 8-2 展示了露地番茄生产经济与环境 *TFP* 指数绝对 β 收敛模型的检验结果。由表可知，在经济 *TFP* 指数检验模型中，$\ln(\rho_{i,t-1})$ 在 SEM 模型中 β 的系数估计值为 $-1.281\,8$，且在 1% 的显著性水平下通过了检验，这表明露地番茄经济 *TFP* 指数存在显著的绝对 β 收敛特征。SDM 模型中 β 估计值为 $-1.279\,0$，且通过了 1% 水平下的显著性检验，印证了露地番茄生产经济 *TFP* 变动存在绝对 β 收敛的结论。$W\times\ln(\rho_{i,t-1})$ 和 λ 的估计系数分别为 0.726 7 和 0.388 0，均通过了 1% 水平下的显著性检验，说明 *TFP* 初期增长较快的地区通过溢出效应对其他地区产生正向带动作用，同时 *TFP* 指数增长较快的地区也对其他地区具有正向辐射作用，这种正向的带动作用在蔬菜种植结构较为相似的地区之间更显著。

露地番茄环境 *TFP* 指数绝对 β 收敛模型的估计结果与经济 *TFP* 模型估计结果基本一致。SEM 模型中 β 的系数估计值为 $-1.378\,7$，且在 1% 的显著性水平下通过了检验，表明露地番茄环境 *TFP* 指数也存在显著的绝对 β 收敛特征。SDM 模型中 β 估计值为 $-1.373\,4$，且在 1% 显著性水平下通过检验，印证了露地番茄生产环境 *TFP* 变动存在绝对 β 收敛的结论。$W\times\ln(\rho_{i,t-1})$ 和 λ 的估计系数分别为 0.536 4 和 0.281 9，且通过了 1% 水平下的显著性检验，说明露地番茄生产的环境 *TFP* 指数初期增长较快的地区通过溢出效应能够对其他地区产生正向带动作用，同时环境 TFP 指数增长较快的地区也具有正向的辐射作用，且这种正向的带动作用在蔬菜种植结构较为相似的地区之间更显著。

表 8-2　露地番茄生产经济与环境 TFP 指数绝对 β 收敛模型检验结果

影响因素	经济 TFP			环境 TFP		
	SEM	SAR	SDM	SEM	SAR	SDM
$\ln(\rho_{i,t-1})$	−1.281 8***	−1.273 4***	−1.279 0***	−1.378 7***	−1.375 1***	−1.373 4***
	(−21.820 0)	(−21.577 2)	(−21.784 9)	(−23.605 7)	(−23.510 8)	(−23.449 6)
$W \times \ln(\rho_{i,t-1})$	—		0.726 7***	—		0.536 4***
			(5.823 2)			(3.888 5)
η	0.423 0***	—		0.298 0***	—	
	(5.860 1)			(3.648 4)		
λ	—	0.117 0*	0.388 0***		0.060 9	0.281 9***
		(1.902 9)	(5.220 7)		(1.086 5)	(3.423 4)
R-squared 值	0.641 6	0.642 4	0.645 4	0.693 5	0.694 5	0.694 6
log-likelihood 值	182.359 0	−174.220 2	−344.105 5	95.938 2	96.319 3	96.463 1

注：表格中 *、**、*** 分别表示在10%、5%、1%的显著性水平下通过检验；η 为误差项的空间自相关系数；λ 为空间自回归系数；系数值下方括号内为该系数的 t 检验值。

数据来源：根据绝对 β 收敛模型回归结果整理得到。

表 8-3 展示了设施番茄生产经济与环境 TFP 指数绝对 β 收敛的检验结果。由表可知，在经济 TFP 指数收敛检验的三个模型中，SEM 模型中 $\ln(\rho_{i,t-1})$ 的系数估计值为 −1.398 0，且通过了 1% 水平下的显著性检验，说明设施番茄经济 TFP 指数存在显著的 β 收敛特征。SDM 模型中 $\ln(\rho_{i,t-1})$ 的系数估计值为 −1.397 9，且通过了 1% 水平下的显著性检验，印证了设施番茄经济 TFP 指数存在显著的 β 收敛特征的结论。$W \times \ln(\rho_{i,t-1})$ 和 λ 的估计系数分别为 0.506 0 和 0.327 0，且均通过了 1% 水平下的显著性检验，表明设施番茄生产的经济 TFP 指数增长较快的地区通过空间溢出效应对蔬菜种植结构相似地区经济 TFP 指数增长率产生正向带动作用，同时经济 TFP 指数增长较快的地区也会对与其蔬菜种植结构相似地区的经济 TFP 指数增长率带来正向作用。

设施番茄环境 TFP 指数的收敛模型结果与经济 TFP 基本相似。

SEM 模型中 ln（$\rho_{i,t-1}$）的系数估计值为－1.404 6，且通过了 1‰水平下的显著性检验，设施番茄生产环境 TFP 指数存在显著的 β 收敛特征。SDM 模型中 ln（$\rho_{i,t-1}$）的系数估计值为－1.406 1，且通过了 1‰水平下的显著性检验，印证了设施番茄环境 TFP 指数存在 β 收敛特征的结论。W×ln（$\rho_{i,t-1}$）和 λ 的估计系数分别为 0.361 2 和 0.191 0，均在 5‰的显著性水平下通过检验，表明设施番茄生产的环境 TFP 指数也存在增长较快地区通过空间溢出效应对蔬菜种植结构相似地区产生正向带动作用的现象，同时环境 TFP 增长较快的地区也会对与其蔬菜种植结构相似地区的环境 TFP 增长率带来正向作用。

表 8-3　设施番茄生产经济与环境 TFP 指数绝对 β 收敛模型检验结果

影响因素	经济 TFP			环境 TFP		
	SEM	SAR	SDM	SEM	SAR	SDM
ln（$\rho_{i,t-1}$）	－1.398 0***	－1.395 9***	－1.397 9***	－1.404 6***	－1.401 7***	－1.406 1***
	（－25.103 3）	（－25.041 9）	（－25.093 7）	（－26.202 2）	（－25.076 3）	（－26.227 1）
W×ln（$\rho_{i,t-1}$）	—	—	0.506 0***	—	—	0.361 2**
			（3.884 8）			（2.354 2）
η	0.331 0***	—	—	0.197 0**	—	—
	（5.059 6）			（2.404 2）		
λ	—	0.150 0***	0.327 0***	—	0.048 9	0.191 0**
		（2.940 4）	（4.984 5）		（0.845 3）	（2.325 4）
R-squared 值	0.697 1	0.758 4	0.697	0.712	0.712 1	0.712 1
log-likelihood 值	128.098 8	127.919 8	128.082 7	66.161 5	66.660 0	66.807 7

数据来源：根据绝对 β 收敛模型回归结果整理得到。

（3）条件 β 收敛检验结果

在构建模型对露地与设施番茄生产的经济和环境 TFP 指数的条件 β 收敛性进行检验之前首先也要对模型的设定进行一系列检验。主要检验的内容与绝对 β 收敛相同，见表 8-4。由表 8-4 可知，在露地番茄经济 TFP 指数条件 β 收敛检验模型的空间计量模型检验中，Moran 检验、LM 和 Robust LM 检验均通过检验，表明应当采用考虑空间相关效应的空间计量模型；由 Wald 检验值以及 LM 检验值的大小对比可以看出，SEM 模型优于 SAR 和 SDM 模型；面板数据的 LR 检验结果表明存在显著的时间固定效应，且不存在空间固定效应。露地番茄的环境 TFP 指数条件 β 收敛检验模型的各项检验结果与其经济 TFP 指数模型的结果一致，即应当采用空间计量模型且 SEM 模型优于 SAR 和 SDM 模型，同时存在显著的时间固定效应。

设施番茄生产的经济 TFP 指数和环境 TFP 指数条件 β 收敛检验模型设定的空间计量模型检验结果表明，两个模型均通过 Moran 检验、LM 检验和 Robust LM 检验，因此应当建立空间面板数据模型进行收敛效应的检验。设施番茄经济 TFP 指数收敛模型的 Wald 检验结果均通过 5% 显著性水平下的检验，表明 SDM 模型优于 SEM 和 SAR 模型。环境 TFP 指数收敛模型的相应检验则表明 SEM 模型优于 SAR 和 SDM 模型。面板数据模型检验表明，经济 TFP 和环境 TFP 指数收敛模型均存在显著的时间固定效应。

表 8-4 条件 β 收敛模型设定检验

检验类型	检验名称	露地番茄		设施番茄	
		经济 TFP	环境 TFP	经济 TFP	环境 TFP
空间计量模型检验	Moran 检验	6.043 2***	4.484 3***	4.773 8***	2.415 8**
	LM-LAG 检验	3.387 9*	1.187 9	6.668 9***	0.613 3
	LM-ERR 检验	33.796 7***	18.270 6***	21.334 5***	4.927 4**
	Robust LM-LAG 检验	8.043 7***	3.407 4*	0.861 4	0.814 8
	Robust LM-ERR 检验	38.452 5***	20.490 0***	15.527 0***	5.128 9**
	Wald-LAG 检验	13.483 9**	7.411 1	14.735 7**	2.236 3
	Wald-ERR 检验	9.220 6	7.382 5	7.585 9**	2.325 9
面板数据模型检验	LR 空间固定效应检验	14.850 1	17.857 5	13.794 8	14.098
	LR 时间固定效应检验	58.656 4***	49.785 9***	84.379 8***	41.212 7***

注：表格中 *、**、*** 分别表示在 10%、5%、1% 的显著性水平下通过检验。
数据来源：根据空间计量模型检验结果整理得到。

表 8-5 展示了露地番茄生产经济 TFP 指数与环境 TFP 指数的条件 β 收敛性模型检验结果。在经济 TFP 指数收敛的 SEM 模型中 β 估计值为 -1.288 0，且通过 1% 水平下的显著性检验，表明存在显著的条件 β 收敛特征。在 SDM 模型中 β 估计值为 -1.316 5 且同样在 1% 水平下通过了显

著性检验，印证了露地番茄生产经济 TFP 指数存在条件收敛性的结论。$W \times \ln (\rho_{i,t-1})$ 和 λ 的估计系数分别为 0.337 6 和 0.399 0，且分别在 10％和 1％水平下通过显著性检验，表明具有相似蔬菜种植结构的地区之间存在高水平 TFP 对低水平 TFP 以及高 TFP 增长率对低 TFP 增长率的空间外溢性。在环境影响因素方面，SEM 模型中 $Agriculture\ GDP$ 系数估计值为 $-0.003\ 4$，且在 5％水平下通过了显著性检验，表明农业产值占比越高（越低）的地区，露地番茄经济 TFP 指数增长率越低（越高），即农业产值占比越高的地区越可能处在接近收敛稳态的水平，越倾向于达到收敛。SDM 模型 $Agriculture\ GDP$ 系数估计值为 $-0.004\ 4$，且通过了 1％水平下的显著性检验，与 SEM 模型中结果基本一致。除此以外，$R\&D$ 估计系数为 0.004 2，且在 10％水平下通过了显著性检验，说明农业科研比例越高（越低）的地区露地番茄经济 TFP 增长率越高（越低）。在环境影响因素的空间滞后项中，$Vegetable\ Area$ 和 $R\&D$ 的空间滞后项系数估计值分别为 $-0.004\ 6$ 和 0.026 4，且均通过了 1％水平下的显著性检验。这说明周边地区蔬菜播种面积比例越大（越小）的地区，其露地番茄经济 TFP 指数增长速度越慢（越快），即周边地区蔬菜播种面积比例越大越有利于 TFP 指数的收敛；同时，周边地区农业科研投入比例越高（越低）的地区，其露地番茄经济 TFP 指数增长率越高（越低），即周边地区农业科研投入存在正向空间外溢性。

在环境 TFP 指数收敛检验的 SEM 模型中 β 估计值为 $-1.382\ 5$，且在 1％显著性水平下通过了检验，这表明露地番茄生产的环境 TFP 指数存在显著的条件 β 收敛特征。在 SDM 模型中 β 估计值为 $-1.392\ 3$，同样通过了 1％水平下的显著性检验，印证了条件 β 收敛的结论。$W \times \ln (\rho_{i,t-1})$ 和 λ 的估计系数分别为 0.504 6 和 0.265 0，且通过了 1％水平下的显著性检验，表明露地番茄环境 TFP 指数增速和水平值存在正向的空间溢出效应，且这种效应更倾向于在蔬菜种植结构相似的地区之间产生。无直接对环境 TFP 指数收敛产生直接影响的环境影响变量，但从 SDM 模型结果可以看出，$Vegetable\ Area$ 和 $R\&D$ 的空间滞后项系数估计值分别为 $-0.005\ 3$ 和 0.035 2，且通过了 5％水平下的假设检验。这表明蔬菜播种面积比例越大越有利于环境 TFP 指数的收敛，同时地区农业科研投入存在正向的空间外溢效应。

表 8-5　露地番茄生产经济与环境 *TFP* 指数条件 β 收敛模型检验结果

影响因素	经济 *TFP*			环境 *TFP*		
	SEM	SAR	SDM	SEM	SAR	SDM
$\ln(\rho_{i,t-1})$	−1.288 0***	−1.282 8***	−1.316 5***	−1.382 5***	−1.376 7***	−1.392 3***
	(−22.097 8)	(−21.943 7)	(−22.949 6)	(−24.477 9)	(−24.232 2)	(−24.880 2)
$W\times\ln(\rho_{i,t-1})$	—	—	0.337 6*			0.504 6***
			(1.892 2)			(3.650 8)
Agriculture GDP	−0.003 4**	−0.003 6**	−0.004 4***	−0.002 3	−0.002 4	−0.003 3
	(−2.150 3)	(−2.226 9)	(−2.685 8)	(−1.023 3)	(−1.050 3)	(−1.417 8)
Vegetable Area	−0.000 7	−0.000 8	−0.000 2	−0.000 5	−0.000 6	0.000 1
	(−1.168 9)	(−1.420 3)	(−0.291 4)	(−0.591 0)	(−0.736 0)	(0.073 30)
Disaster	0.000 1	−0.000 1	0.000 2	0.000 4	0.000 6	0.000 8
	(0.083 3)	(−0.046 3)	(0.378 0)	(0.507 3)	(0.721 3)	(1.002 6)
R&D	0.004 3	0.004 1	0.004 2*	0.000 8	0.000 5	0.000 4
	(1.552 9)	(1.582 3)	(1.617 6)	(0.218 3)	(0.148 9)	(0.117 3)
W×Agriculture GDP	—	—	−0.009 9			−0.009 2
			(−1.352 5)			(−0.890 9)
W×Vegetable Area	—	—	−0.004 6***			−0.005 3**
			(−2.698 7)			(−2.238 0)
W×Disaster	—	—	−0.001 6			−0.002 2
			(−1.014 6)			(−1.001 8)
W×R&D	—	—	0.026 4***			0.035 2**
			(2.656 0)			(2.504 7)
η	0.423 4***			0.292 9***		—
	(6.118 3)			(0.000 3)		
λ	—	0.118 0*	0.399 0***	—		0.265 0***
		(1.928 5)	(5.496 4)			(3.210 8)
R-squared 值	0.650 2	0.651 0	0.670 3	0.695 6	0.696 7	0.709 7
log-likelihood 值	185.083 6	184.160 5	192.006 5	97.759 1	97.540 9	102.868 7

注：表格中 *、**、*** 分别表示在 10%、5%、1% 的显著性水平下通过检验；η 为误差项的空间自相关系数；λ 为空间自回归系数；系数值下方括号内为该系数的 t 检验值。

数据来源：根据条件 β 收敛模型回归结果整理得到。

表 8 - 6 展示了设施番茄生产经济与环境 TFP 指数条件 β 收敛模型的检验结果。设施番茄的经济 TFP 指数收敛检验 SDM 模型中 β 估计值为 -1.4162，且在 1% 显著性水平下通过了检验，表明存在显著的 β 收敛特征，SEM 和 SAR 模型中的 β 估计值结果也印证了这一结论。从环境影响因素来看，各项变量对设施番茄经济 TFP 指数收敛均没有直接的影响，但 $Agriculture\,GDP$、$Vegetable\,Area$、$Disaster$ 和 $R\&D$ 的空间滞后项存在显著影响，其系数估计值分别为 -0.0191、-0.0052、-0.0040 和 0.0152，且分别在 1%、5%、1% 和 10% 显著性水平下通过检验。这表明，对某一地区来说，具有相似蔬菜种植结构的地区农业产值占比和蔬菜播种面积比例越高（越低），则该地区设施番茄经济 TFP 指数增长率越低（越高），即农业产值占比越高的地区越可能处在接近收敛稳态的水平，越倾向于达到收敛；地区农业受灾的影响也会通过空间外溢性而对具有相似蔬菜种植结构地区的设施番茄生产产生负面影响；具有相似蔬菜种植结构地区的科研投入增加也会提高其他地区的经济 TFP 指数，即科研投入会产生正向的外溢作用。

表 8 - 6 设施番茄生产经济与环境 TFP 指数条件 β 收敛模型检验结果

影响因素	经济 TFP			环境 TFP		
	SEM	SAR	SDM	SEM	SAR	SDM
$\ln\,(\rho_{i,t-1})$	-1.3999^{***}	-1.3982^{***}	-1.4162^{***}	-1.4034^{***}	-1.4097^{***}	-1.4124^{***}
	(-25.7565)	(-25.7088)	(-26.6375)	(-26.2533)	(-26.5126)	(-26.4999)
$W\times\ln\,(\rho_{i,t-1})$	—	—	-0.0664	—	—	0.2770^{*}
			(-0.3966)			(1.7774)
$Agriculture\,GDP$	-0.0005	0.0009	-0.0016	-0.0034	-0.0034	-0.0027
	(-0.1616)	(0.2543)	(-0.0016)	(-0.8800)	(-0.8108)	(-0.6353)
$Vegetable\,Area$	0.0016	0.0012	0.0018	-0.0003	-0.0008	0.0006
	(1.1721)	(0.9025)	(1.2132)	(-0.2631)	(-0.5120)	(0.3268)
$Disaster$	0.0004	0.0003	0.0010	0.0009	0.0007	0.0005
	(0.5609)	(0.4926)	(1.3862)	(1.0935)	(0.7722)	(0.5410)
$R\&D$	0.0035	0.0028	0.0051	0.0005	-0.0011	0.0032
	(0.8782)	(0.6632)	(1.201)	(0.1322)	(-0.2102)	(0.4976)
$W\times Agriculture\,GDP$	—	—	-0.0191^{***}	—	—	0.0194^{*}
			(-2.7520)			(1.8697)

（续）

影响因素	经济 TFP			环境 TFP		
	SEM	SAR	SDM	SEM	SAR	SDM
$W \times Vegetable\ Area$	—	—	$-0.005\ 2^{**}$ $(-2.060\ 2)$	—	—	$-0.000\ 1$ $(-0.042\ 1)$
$W \times Disaster$	—	—	$-0.004\ 0^{***}$ $(-3.039\ 3)$	—	—	$0.001\ 5$ $(0.912\ 0)$
$W \times R\&D$	—	—	$0.015\ 2^{*}$ $(1.610\ 8)$	—	—	$-0.021\ 4^{*}$ $(-1.605\ 8)$
η	$0.349\ 8^{***}$ $(5.519\ 9)$	—	—	$0.192\ 0^{**}$ $(2.354\ 4)$	—	—
λ	—	$0.152\ 0^{***}$ $(2.983\ 7)$	$0.350\ 0^{***}$ $5.452\ 4$	—	$-0.058\ 0$ $(-0.911\ 5)$	$0.154\ 0^{*}$ $(1.845\ 5)$
R-squared 值	0.697 7	0.698 2	0.715 2	0.713 3	0.713 6	0.715 9
log-likelihood 值	128.974 5	128.750 4	136.991 4	68.009 8	67.523 2	68.923 1

注：表格中 *、**、*** 分别表示在 10%、5%、1% 的显著性水平下通过检验；η 为误差项的空间自相关系数；λ 为空间自回归系数；系数值下方括号内为该系数的 t 检验值。

数据来源：根据条件 β 收敛模型回归结果整理得到。

设施番茄的环境 TFP 指数收敛检验 SEM 模型中 β 估计值为 $-1.403\ 4$，且在 1% 的显著性水平下通过检验，表明存在显著的 β 收敛特征，SAR 和 SDM 模型中 β 估计值结果也印证了这一结论。SDM 模型中 $W \times \ln(\rho_{i,t-1})$ 和 λ 的估计系数分别为 0.277 0 和 0.154 0，且均通过了 10% 水平下的显著性检验，表明地区之间存在高水平 TFP 对低水平 TFP 以及高 TFP 增长率对低 TFP 增长率的空间外溢性，且地区之间距离越近这种外溢性越显著。从环境影响因素来看，各变量对设施番茄环境 TFP 指数均没有直接影响，但 $Agriculture\ GDP$ 和 $R\&D$ 的空间滞后项存在显著影响，其系数估计值分别为 0.019 4 和 -0.021 4，且均在 10% 水平下通过显著性检验，这表明在空间分布上与某一地区距离较近的地区农业在经济中的地位越重要，越会对这一地区的设施番茄环境 TFP 指数增长率产生正向的带动作用；周边地区农业科研投入比例越高的地区，其设施番茄环境 TFP 指数增长率越低，说明农业科研投入的空间溢出效应能够促使设施番茄环境 TFP 指数走向收敛。

8.4 本章小结

地区之间蔬菜生产效率的发展受到自然环境的共通性以及技术、生产要素外溢性的影响而可能产生空间关联性和发展趋势的收敛性。本章以空间计量方法为手段，对蔬菜生产效率的 σ 收敛性、绝对 β 收敛性以及考虑到地区之间经济和生产条件差异的条件 β 收敛分别进行了检验，主要结论如下：

①露地蔬菜的经济和环境 TFP 以及设施蔬菜的经济 TFP 在具有相似蔬菜种植结构的地区之间存在空间集聚效应，而设施蔬菜的环境 TFP 的空间集聚效应体现在邻近地区之间；对蔬菜的 σ 检验结果表明，露地蔬菜的经济 TFP 存在显著的收敛趋势，而环境 TFP 则不存在收敛趋势，设施蔬菜的经济和环境 TFP 均存在显著的 σ 收敛性；具有相似种植结构地区的露地蔬菜经济和环境 TFP 以及设施蔬菜经济 TFP 更倾向于收敛，而距离相对较近地区的设施蔬菜环境 TFP 指数更倾向于收敛。

②对蔬菜生产效率的绝对 β 收敛性检验结果表明，露地和设施蔬菜的经济和环境 TFP 均存在显著的 β 收敛趋势，且 TFP 初期增长较快以及 TFP 指数增长较快的地区会对种植结构相似的地区或相邻的地区产生正向的辐射带动作用。对蔬菜生产效率的条件 β 收敛性检验结果表明，露地和设施蔬菜生产经济和环境 TFP 存在显著的条件 β 收敛性；对于露地蔬菜 TFP，农业科研投入的增长不仅会对当地露地蔬菜经济 TFP 增长带来正向影响，同时还会通过溢出效应影响具有相似蔬菜种植结构的地区，同时农业产出占比越高和蔬菜播种面积比例越高的地区露地蔬菜经济和环境 TFP 越倾向于收敛；对于设施蔬菜 TFP，农业产出占比越高的地区经济 TFP 越倾向于收敛，经济 TFP 中自然灾害会对其他地区产生负向影响而农业科研投入会产生正向外溢作用，环境 TFP 中农业产出占比较高的地区会对周围地区产生正向带动作用，而农业科研投入会促使邻近地区设施蔬菜环境 TFP 收敛。

9 蔬菜生产效率的影响因素分析

前文主要对蔬菜生产效率水平进行了不同角度的对比评价，并对其变动特征进行了分析。在此基础上，本章将着重关注蔬菜生产效率的影响因素，并探讨效率的提高路径。从前文分析中可以得出技术效率是当前影响蔬菜生产效率提高的主要因素的结论，而技术效率体现了蔬菜经营者实际中的经营特征以及生产和管理技术采用和应用水平。在我国，蔬菜生产主要以小规模家庭经营为主，蔬菜种植户的资源配置水平是我国蔬菜生产效率的微观体现，各类影响因素往往通过作用于微观蔬菜种植户的生产行为对蔬菜生产效率水平产生影响。因此为了考察蔬菜生产效率的影响因素，需要从蔬菜种植户生产行为视角进行分析。

把握微观农户蔬菜生产情况能够从农户技术采用和农户生产投入决策等方面考察影响生产效率的环境因素。王文娟和肖小勇（2013）认为蔬菜种植户的效率受到自身年龄、受教育程度等因素的影响，另外，加入合作社等因素能够通过提供技术和销售服务提高效率。张新民（2010）对有机菜花种植户的生产技术效率和影响因素做了相关分析，发现种植经验、环境友好观念、生产规模等因素对农户有机菜花生产的技术效率有积极的影响。宋雨河等（2015）针对蔬菜种植户个人基本情况、生产规模以及受灾情况对技术效率的影响进行了分析，认为种植户受教育程度的提高以及生产规模的扩大有利于蔬菜技术效率的提高，而受灾情况对技术效率存在负向的影响。彭科等（2011）对山东寿光无公害蔬菜种植户的技术效率影响因素进行了分析，认为科技信息的获取、销售渠道的稳定性等因素对蔬菜生产技术效率具有显著的影响。王欢和穆月英（2015）对北京市设施蔬菜种植户的技术效率进行了分析，认为不同类型的设施生产方式有不同的技术效率，大棚生产更有效率而温室生产则具有更高的经济价值。Haji（2007）在对埃塞俄比亚农户蔬菜生产技术效率影响因素的分析中认为非

农收入、生产规模以及家庭人数对技术效率有显著的影响。Bozoğlu和
Ceyhan（2007）对土耳其蔬菜种植户生产技术效率的影响因素进行了分
析，认为年龄、受教育程度、种菜经验、女性参与生产活动、家庭人口数
以及非农收入都对技术效率有显著的影响。

综上可知，蔬菜种植户角度的影响因素会对蔬菜生产技术效率产生显
著影响，因此为了考察蔬菜生产效率的影响因素，需要从微观层面展开讨
论。本章将在微观农户蔬菜种植调研数据的基础上，测算和分析蔬菜种植
户生产效率水平及其影响因素的作用，并探讨蔬菜生产效率提升的可能
途径。

9.1　蔬菜生产效率影响因素的作用机制

蔬菜种植户的生产效率受到错综复杂的外部因素的影响，但从蔬菜种
植户的角度来看，生产效率衡量了蔬菜种植户对生产资源的配置水平。在
已有的技术水平下，生产过程中资源配置水平受所采用技术的水平以及生
产技术与管理技术效果发挥程度的制约（Whiteman，1988；董莹，
2016），因此对蔬菜种植户生产效率环境影响因素的影响机制可以从技术
采用以及生产和管理技术效果发挥程度两个角度分析。

图 9-1 展示了各环境
因素通过技术采用和技术应
用水平两方面对生产效率产
生影响的作用机制。在一定
的社会技术水平前提下，新
技术的采用是获得更高资源
配置水平的基础，因此农户
的技术采用水平能够直接对
技术效率产生影响。而对于

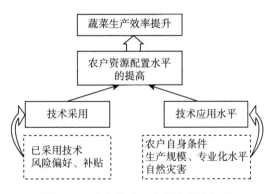

图 9-1　农户蔬菜生产效率影响机制

小规模经营的农户来说，新技术的采用可能会带来多余的成本，而新技术
的效果发挥受到多种因素的影响，因而存在技术采用的风险，不同农户对
于"技术风险"的态度，一方面决定了其是否是新技术采用的先行者，即

是否较大概率地拥有比其他农户更为先进的生产技术，另一方面也反映出农户生产过程中要素投入和配置的风格。从政府在农业生产中的作用来看，政府对于技术的补贴和推广，一方面会增加农户技术信息获取的渠道，另一方面能够在一定程度上降低技术采用成本，从而有利于促进农户对先进技术的采用（汪三贵、刘晓展，1996；徐世艳等，2009）。从农业生产者自身条件的角度来看，农户的文化素质（周宁，2007；宋燕平、栾敬东，2005）、生产经验（王永齐，2007）、年龄（麦尔旦·吐尔孙等，2015）等与农户基本人力资本有关的因素能够影响农户已有技术效果的发挥程度。蔬菜种植户生产的专业化程度越高，一方面会使农户更专注于蔬菜生产从而可能获得更好的技术效果，另一方面更有可能拥有更多的技术采用渠道和更大的技术采用意愿。蔬菜种植户的生产规模越大，一方面可能会产生规模效益，另一方面生产规模更大的农户往往承担生产风险的能力较强，因此可能会更倾向于采用新技术。最后，在一定的技术水平和生产管理技术应用水平下，农户资源配置的最终结果还受到天气的影响。

9.2 蔬菜种植户生产效率模型构建

在对蔬菜生产效率农户层面环境因素的影响进行分析时，考虑到调研过程中可能存在的随机因素的误差对效率值的影响，本节将针对效率测算和影响因素分析中的随机误差修正构建相应的计量模型。

9.2.1 三阶段 Bootstrapped-DEA 模型的构建

三阶段 DEA 最早由 Fried 等（2002）提出，是一种将 DEA 与 SFA 结合的模型。该模型可以剥离环境效应和随机误差对效率值的影响（李然、冯中朝，2009）。其分析过程可分为 3 个阶段。第一阶段是 DEA 分析，得到各 DMU 的效率分析结果。这一阶段的技术效率值会受到 3 种因素的影响，包含管理无效率、环境效应以及随机干扰（罗登跃，2012）。因此，第二阶段是以第一阶段得出的各投入变量的松弛值做因变量，以环境因素做自变量建立 SFA 模型，得到随机误差和环境因素的影响，并根据环境和随机因素的拟合值调整原始投入量。第三阶段利用调整后的投入量再次进行 DEA 效率测算。

三阶段 DEA 模型虽然处理了环境因素和随机因素的影响，但得到的效率值仍然有偏，也无法对估计值的分布情况进行判断。为了克服 DEA 中存在的正态性假设、样本通常太少和 DEA 有效性值的内在依赖性等问题（全林、罗洪浪，2005），许多研究运用 Bootstrapped-DEA 模型对效率测算结果进行修正。Bootstrap 方法是通过对经验数据及其相关估计的重复抽样，来提高估计置信区间和临界值精度的统计方法。Simar 和 Wilson（1998）将Bootstrap 的思想与 DEA 模型结合起来，开发出 Bootstrapped-DEA 模型，该方法能纠正随机因素对效率估计值的影响，得到更接近真实值的效率值，同时还可以判断分析结果的统计有效性。已有研究运用 Bootstrapped-DEA 与三阶段 DEA 相结合的模型求得技术效率满意解。如陶长琪等（2011）采用该方法对我国各地区综合发展情况的技术效率差异进行了测算。

本研究中三阶段 Bootstrapped-DEA 模型的分析过程可以分为以下两个部分。

（1）第一部分：三阶段 DEA 模型

第一阶段：传统 DEA 模型。

考虑到农业生产投入的可控性，以及接下来步骤中对投入变量的修正，本研究中采用的 DEA 模型为投入导向型的 BCC 模型。该模型考虑了规模报酬的变化，并将技术效率（或称综合效率，TE）分解为纯技术效率（PTE）和规模效率（SE）。对 n 个 DMU，其 BCC 模型具体线性规划形式为：

$$D_{BC^2}\begin{cases} \min\theta = V_D, \\ s.t. \sum_{i=1}^{n}\lambda_i x_i + S^- = \theta x_t, \\ \sum_{i=1}^{n}\lambda_i y_i - S^+ = y_t, \\ \sum_{i=1}^{n}\lambda_i = 1, \\ \lambda_i \geqslant 0, i = 1, \cdots, n, \\ S^-, S^+ \geqslant 0 \end{cases} \quad (9-1)$$

式（9-1）中：θ 为第 t 个 DMU 的技术效率值即综合效率，满足 $0 \leqslant$

$\theta \leqslant 1$；S^- 为投入的松弛变量；S^+ 为产出的松弛变量；λ_i 是第 i 个 DMU 的非负权重。其中，投入的松弛变量为利用 BCC 模型计算得到的目标投入与实际投入之差，等于各 DMU 的径向与非径向松弛变量之和，代表各 DMU 可节约的投入量。θ、λ_i、S^-、S^+ 均为待估参数。

第二阶段：相似 SFA 分析模型。

利用第一阶段对第 i 个 DMU 的第 j 项投入求得的投入松弛变量 S_{ji}^- 和环境因素建立 SFA 模型。

$$S_{ji}^- = f^j(Z_i, \beta^j) + \nu_{ji} + \mu_{ji} \qquad (9-2)$$

式（9-2）中：Z 为可观测的环境变量，β 为待估参数。对式（9-2）进行回归分析，利用估计出的环境变量及其系数对原始投入量进行调整：

$$AS_{ji}^- = S_{ji}^- + [\max_i \{Z_i \hat{\beta}^j\} - Z_i \hat{\beta}^j] \qquad (9-3)$$

式（9-3）中，$[\max_i \{Z_i \hat{\beta}^j\} - Z_i \hat{\beta}^j]$ 代表将所有的 DMU 调整至同样的外部环境中。在一般的三阶段 DEA 中本应该同时对随机因素进行调整，令所有的决策单元处于相同的运气下。由于接下来将利用 Boot-strapped-DEA 对随机因素进行处理，因此在这一步骤中对随机因素暂时不做调整。

第三阶段：调整后 DEA 模型。

在第二阶段对投入变量进行调整之后，对调整后投入和初始的产出进行 DEA 分析，从而得到排除了环境因素影响之后的 DEA 效率值，进而得出农户由于自身经营管理能力不同所造成的效率上的差别。

（2）第二部分：Bootstrapped-DEA 模型

本研究中将三阶段 DEA 与 Bootstrap 相结合的测算模型具体可分为以下几个步骤：

第一，将三阶段 DEA 模型得到的调整后的投入数据和初始产出数据作为 Bootstrapped-DEA 的初始样本，计算得到 n 个样本的效率得分 $\hat{\theta} = (\hat{\theta}_1, \hat{\theta}_2, \cdots, \hat{\theta}_n)$。

第二，利用有放回的重复抽样方法，从计算得到的样本效率得分 $\hat{\theta}$ 中抽取 1 个样本 $\hat{\theta}_b = (\hat{\theta}_{1b}, \hat{\theta}_{2b}, \cdots, \hat{\theta}_{Mb})$，其中 $\hat{\theta}_b$ 表示第 b 次抽样的 Boot-strap 样本，$b = 1, 2, \cdots, B$；M 为样本规模。

第三，对初始样本进行平滑化处理，得到平滑后的 Bootstrap 样本

$\theta_b = (\theta_{1b}, \theta_{2b}, \cdots, \theta_{Mb})$。

第四，利用平滑 Bootstrap 样本对初始样本的投入数据进行调整。

第五，利用初始样本的产出数据和 Bootstrap 调整后的投入数据计算 DEA 模型，得到第 b 次重复抽样决策单元的 DEA 效率值。

第六，重复以上过程 B 次（$B = 2\ 000$），这样就可以得到每个 DMU 的 B 个效率得分估计值。

第七，根据 DMU 每次重复抽样得到的效率值，计算其与初始效率值之间的偏误，并对结果进行简单平均。这样就得到了最终的效率期望值、调整偏误以及分布的标准差。

9.2.2　数据来源和变量设定

本章数据来自 2014 年、2015 年和 2016 年对北京、河北、天津、山东、辽宁等五个蔬菜主产省市的设施果类蔬菜种植户的入户调研。调研对象通过随机抽样选取，调研内容为蔬菜种植户 2013 年、2014 年和 2015 年的主要菜田蔬菜生产投入产出情况。经过整理后共得到有效样本 1 447 个，其中北京地区有效样本 290 个，天津有效样本 158 个，山东有效样本 267 个，辽宁有效样本 458 个，河北有效样本 274 个。所调查农户以种植大棚或温室果类蔬菜为主。

（1）输入、输出变量

根据调研内容，并结合蔬菜生产的具体环节，针对测算 DEA 效率值确定了 1 个产出变量和 6 个投入变量。产出变量指单位面积产值，选择产值作为产出变量的原因有两个，第一是由于所调查蔬菜生产品种不同，选择产值可以统一度量产出水平；第二是由于从微观农户视角来看，其生产的目标是利润最大化，因此用产值反映产出水平满足农户生产目标的实现。6 个投入变量包括种子育苗费、肥料费、设施使用费、病虫害防治费、雇工费以及其他费用。各变量具体说明见表 9 - 1。可以看出，在所有投入变量中，肥料费和设施使用费是最大的 2 项投入，其次是种子育苗费和病虫害防治费，雇工费在投入中占比较小，而蔬菜产业是劳动密集型产业，这反映出实际生产中生产规模较小，且主要以家庭劳动力为主。此外，从各变量的标准差和变异系数可以看出，在投入和产出方面，农户之间的差异较大。而投入中雇工费的变异系数大于其他投入产出变量，说明农户之间雇工情况存在明显的差异。

表9-1　投入产出变量说明及其统计特征

变量名称	均值	标准差	变异系数	数据说明
产值	26 229.10	22 597.85	0.86	所调查地块全年蔬菜总产值
种子育苗费	1 229.27	1 085.73	0.88	包括种子费用和育苗费用
肥料费	3 251.76	3 252.82	1.00	包括购买化肥、有机肥和农家肥费用
设施使用费	3 097.80	2 115.64	0.68	包括设施生产中地膜费用、棚膜费用、租地费用、设施建设和修理的折旧费等
病虫害防治费	895.65	1 072.99	1.20	包括打药、黄蓝板等病虫害防治费用
雇工费	547.48	974.20	1.78	雇工天数与日均工资之乘积
其他费用	530.50	760.09	1.43	包括机耕费以及生产所耗水电费

注：对于租地生产农户来说，租地费用常常包含当年棚架使用和维护修理费用，因此同样可以放入设施使用费中进行核算。

数据来源：根据五省市调研数据整理得到。

（2）影响因素变量

根据前文对蔬菜种植户生产效率环境因素的影响机制的分析，从农户特征、技术因素、政府扶持和自然因素等4个方面选取变量。农户特征变量中第一部分是家庭户主的个人特征，包括性别、年龄、受教育程度和种菜年限等4个变量；第二部分是家庭蔬菜种植经营特征，包括家庭蔬菜生产劳动力数、蔬菜收入占总收入比例、菜田总面积等3个变量。技术因素主要是当前农户技术采用情况。将农户当前所采用的技术分为高产高效型、质量安全型以及环境保护型3类，其中高产高效型技术包括二氧化碳吊袋、土壤消毒、雄蜂授粉、穴盘育苗、地膜覆盖、遮阳网等6种技术；质量安全型技术包括防虫网防虫板、食品安全追溯以及有机肥和农家肥等3种技术；环境保护型技术包括秸秆还田、节水灌溉、测土配方施肥、秸秆生物反应堆等4种技术。根据采用各类技术的种类数设定高产高效型技术、质量安全型技术和环境保护型技术3个变量。另外还包括反映设施蔬菜生产技术的设施类型和代表农户对技术风险态度的新技术采用态度变量。政府扶持变量主要是农户所收到的不同类型的补贴数量。自然因素变量是农户生产年中是否受到自然灾害的影响。对以上各变量的说明见表 9-2。可以看出，农户平均年龄为 49 岁，受教育水平多为初中，家庭从事蔬菜生产劳动力数以 2 个为主，所调查蔬菜种植户专业化程度较高，蔬菜收入占比平均为 85%。农户平均家庭菜田面积为 6.9 亩，且大多数农户采用温室生产的方式。与质量安全型和环境保护型技术相比，农户更广泛地采用高产高效型生产技术，印证了 Fuglie 和 Kascak（2001）的结论。对新技术的态度方面大多数农户属于风险中性。政府的补贴覆盖范围并不广，未享受补贴的农户占 45.34%。另外，受到异常天气影响的农户比例较大，占所有农户的 53.01%。

表 9-2　环境变量说明及其统计特征

变量类型	变量名称	均值	众数	数据说明
农户特征	性别（X_1）	—	1	0 代表女性，1 代表男性
	年龄（X_2）	49.15	50	户主周岁年龄
	受教育程度（X_3）	—	2	1 代表小学及以下，2 代表初中，3 代表高中，4 代表大专及以上学历
	蔬菜生产劳动力数（X_4）	2.11	2	家庭从事蔬菜生产的劳动力数
	种菜年限（X_5）	16.90	20	家庭主要蔬菜生产者从事蔬菜种植年限
	蔬菜收入产比（X_6）	0.85	1	家庭年总收入中蔬菜收入所占比例
	菜地面积（X_7）	6.90	3	家庭菜田总面积
技术因素	设施类型（X_8）	—	0	所调查地块设施生产类型，0 代表温室，1 代表大棚
	高产高效型技术（X_9）	—	2	所采用的高产高效型技术数量，取值范围为 0~6
	质量安全型技术（X_{10}）	—	1	所采用的质量安全型技术数量，取值范围为 0~3
	环境保护型技术（X_{11}）	—	1	所采用的环境保护型技术数量，取值范围为 0~4
	对新技术的态度（X_{12}）	—	2	农户对采用新技术可能的风险态度，1 代表风险偏好，2 代表风险中性，3 代表风险厌恶
政府扶持	补贴力度（X_{13}）	—	0	农户享受蔬菜种植方面的政府补贴种类数，取值范围为 0~8
自然因素	异常天气影响（X_{14}）	—	1	农户去年生产是否受到异常天气的影响，0 为否，1 为是

数据来源：根据五省市调研数据整理得到。

9.3 四大因素对蔬菜生产效率的影响分析

为了从农户视角考察蔬菜生产技术效率特征以及环境因素对效率的影响，下文将在三阶段 Bootstrapped-DEA 模型的计量结果基础上分别对农户生产效率和农户特征、技术因素、政府扶持和自然因素等方面的环境因素进行分析。

9.3.1 农户蔬菜生产技术效率实证分析结果

农户蔬菜生产技术效率的第一阶段 DEA 和三阶段 Bootstrapped-DEA 结果如表 9-3 所示。从第一阶段农户整体技术效率水平来看，综合技术效率平均值为 0.229 2，纯技术效率为 0.332 5，规模效率为 0.684 9，可见农户整体技术效率水平较低，且纯技术效率是拉低综合技术效率的主要原因。从 3 类效率值的变异系数可以看出，综合技术效率的变异系数最大，其次是纯技术效率，规模效率的变异系数较小，这说明农户之间纯技术效率的差异较大，进而造成综合技术效率的显著差距。表明农户生产过程中生产和管理技术存在应用不足的问题，且农户之间生产和管理技术的应用水平差异较大。从地区差异来看，第一阶段 DEA 模型的结果中天津地区蔬菜种植户技术效率最高，平均为 0.288 8，北京、辽宁和河北三个地区相差不大，综合技术效率值均在 0.234 7 和 0.245 2 之间，山东地区蔬菜种植户综合技术效率水平最低，为 0.146 4。

表 9-3 第一阶段 DEA 和调整后三阶段 Bootstrapped-DEA 生产效率值

	技术效率（TE）		纯技术效率（PTE）		规模效率（SE）	
	Bootstrapped-DEA	DEA	Bootstrapped-DEA	DEA	Bootstrapped-DEA	DEA
北京	0.202 8	0.242 5	0.677 8	0.440 1	0.324 0	0.514 5
天津	0.262 2	0.288 8	0.593 4	0.387 7	0.492 6	0.700 9
山东	0.138 4	0.146 4	0.448 0	0.276 3	0.408 4	0.540 4
辽宁	0.270 4	0.245 2	0.522 2	0.287 9	0.598 5	0.855 0
河北	0.227 7	0.234 7	0.494 7	0.315 9	0.541 3	0.712 7

（续）

	技术效率（TE）		纯技术效率（PTE）		规模效率（SE）	
	Bootstrapped-DEA	DEA	Bootstrapped-DEA	DEA	Bootstrapped-DEA	DEA
平均值	0.223 5	0.229 2	0.542 3	0.332 5	0.486 0	0.684 9
标准差	0.190 3	0.193 2	0.297 6	0.216 0	0.306 5	0.271 3
中位数	0.175 0	0.179 5	0.618 3	0.267 8	0.424 0	0.749 8
最大值	1.000 0	1.000 0	1.000 0	1.000 0	1.000 0	1.000 0
最小值	0.003 1	0.003 3	0.040 6	0.055 0	0.015 0	0.019 0
变异系数	0.851 5	0.842 9	0.548 8	0.649 6	0.630 7	0.396 1

数据来源：根据第一阶段 DEA 和 Bootstrapped-DEA 模型计算结果整理得到。

通过对比三阶段 Bootstrapped-DEA 模型的结果可以看出，当排除了随机因素和外部环境因素的影响后，整体技术效率值有所下降，综合技术效率平均值为 0.223 5，略低于调整前。从综合技术效率的分解项来看，纯技术效率和规模效率平均值分别为 0.542 3 和 0.486 0。可见调整后对综合技术效率值损失影响较大的为规模效率，这也表明随机因素和外部环境因素主要对农户生产和管理技术的应用产生影响。从各效率值的变异系数来看，综合技术效率的变异系数变化不大，纯技术效率的变异系数有所下降，规模效率的变异系数有明显增加，说明在排除了随机因素和外部环境因素的影响后，各 DMU 之间的真实规模效率差异扩大。从各地区情况来看，调整后综合技术效率最高的是辽宁省，其次是天津市，调整后综合技术效率得分分别为 0.270 4 和 0.262 2，其次是河北省和北京市，分别为 0.227 7 和 0.202 8，山东省依然是综合技术效率得分最低的地区。由此可见辽宁省农户的真实生产和管理技术应用水平较高，但受到环境因素的影响，而天津市农户不仅真实生产和管理技术应用水平高，还具有较好的外部环境条件，更有利于这一优势的发挥。

第一阶段 DEA 模型除估计了技术效率得分外还给出了农户规模报酬的情况（图 9-2）。从规模报酬的情况来看，93% 的农户处于规模报酬递增的阶段，5% 的农户处于规模报酬不变阶段，仅有 2% 的农户处于规模报酬递减的阶段。这说明在现阶段，大多数农户存在生产规模的不适应，且大多是生产规模不足，可以通过扩大生产规模带来更高的产出回报。

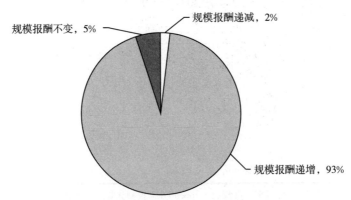

图 9-2　第一阶段 DEA 农户规模报酬分布

数据来源：根据第一阶段 DEA 模型计算结果整理得到。

9.3.2　蔬菜生产效率的环境影响因素分析

　　第二阶段分析使用 Frontier 4.1 软件，运用 SFA 模型进行环境变量对各投入冗余的回归分析，回归结果见表 9-4。从表中可以看出，大多数环境变量对种子育苗费和肥料费的冗余都存在十分显著的影响，而对设施使用费、病虫害防治费和雇工费的冗余值没有显著的影响，这表明农户对 3 类费用过度投入行为受外部环境因素的影响不大，而是与农户实际生产过程中的投入需求有关。如设施使用费中占比较大的为设施建设和修理的折旧费用，这部分费用的投入实际在设施建设时就决定了，可能与当前农户的生产经营特征相关性较小。而病虫害防治和雇工费则是农户出于对病虫害情况的改善以及对家庭劳动力不足的补充考虑，因此这方面的投入可能受外部环境因素的影响较小。具体各环境变量对各项投入冗余的影响分析如下。

　　①农户性别对种子育苗费和肥料费投入冗余有显著的影响，但影响的方向并不同。在种苗费方面，男性户主的家庭更倾向于节省投入，而肥料费方面，男性户主则更倾向于过度投入。这可能与蔬菜播种育苗和施肥两个生产环节中对劳动力的需求不同有关，女性劳动者在劳动力投入方面略少于男性，因此在施肥这样需要更多劳动力投入的生产环节中的参与较

少，而在播种育苗的环节上参与度更高，更倾向于多投入。

②年龄变量对种子育苗费的投入冗余会产生正向影响，而对肥料费冗余会产生负向影响。这表明生产者年龄越大越可能倾向于在种子育苗费方面多投入，而在肥料费方面投入冗余情况较轻。这一方面与不同年龄劳动力的供给能力有关，另一方面，年龄较大的农户可能往往拥有更多的农业生产经验，从而倾向于将资本投向种子育苗方面。

③受教育程度对种子育苗费投入冗余有负向影响，而对肥料费冗余会产生正向影响。这表明受教育程度越高的农户越可能在肥料费方面过度投入，而在种子育苗费方面会有所节约。结合样本特点，84.31%的农户为初中及以下文化程度，因此在农户文化程度整体不高的情况下，农户一方面可能因为经验的累积而减少不必要的要素投入，另一方面可能过度依赖肥料的投入从而带来肥料费的投入冗余。

④蔬菜生产劳动力数对种子育苗费、肥料费和其他费用冗余均存在负向影响。表明家庭劳动力的充足供应能够提高蔬菜生产效率，另外也反映出家庭劳动力可以对其他费用的投入产生替代效应。

⑤蔬菜收入占比对种子育苗费和肥料费投入冗余会产生正向影响，即农户蔬菜生产专业化程度的提高会对生产效率带来负向影响。结合样本特点来看，所调查农户大多数为小规模生产农户，平均菜田面积为6.9亩，而平均家庭从事蔬菜生产的劳动力为2个。除了农业具有弱质性外，由于蔬菜价格波动剧烈，蔬菜种植户的收益还受到市场风险的极大影响，在这种背景下，蔬菜收入占所有收入比例越大，说明家庭越依赖蔬菜生产所带来的收入，这就使家庭所面临的生产风险加倍，高风险情况下可能会使农户产生过度投入的行为（Foster、Rausser，1991）。

⑥菜地面积对种子育苗费投入冗余有正向影响而对肥料费投入冗余有负向影响。这是因为生产规模的增加一方面可能会在购买农资方面获得规模经济优势，另一方面，在家庭劳动力数量有限的前提下，农户生产规模的扩大不利于蔬菜生产的精耕细作，因此生产规模对种子育苗费冗余有轻微的正向增长作用。

⑦大棚生产方式对种子育苗费和肥料费冗余均有负向影响，表明与温室生产方式相比，大棚生产方式更具有效率优势。这与王欢和穆月英

(2015) 的分析结果一致，即由于温室蔬菜生产往往是越冬棚，其生产过程中各项投入的密集度更高，因此造成了与大棚蔬菜生产相比的过度投入情况。

⑧高产高效型技术对肥料费冗余产生正向影响，这是因为选择更多高产高效型技术的农户往往是更关注生产效益的农户，而这些农户为了追求更高的产量往往会在肥料施用方面有过度投入的情况。

⑨质量安全型技术对肥料费和其他费用投入冗余会产生正向影响。这是因为在质量安全型技术中包括有机肥等的使用，而有机肥等质量安全型的农资价格往往较高，因而与其他农户相比，这部分农户往往存在过度投入。

⑩环境保护型技术对肥料费冗余存在负向的影响，即采用环境保护型技术会使生产效率提高。这是因为在我们所考察的环境保护技术中，农户较常采用的是测土配方施肥、秸秆还田、秸秆生物反应堆以及节水灌溉技术。这几项技术中秸秆还田和秸秆生物反应堆技术的采用往往能够对化肥或其他商品肥的使用产生替代作用，从而降低肥料费。测土配方施肥能够使农户根据地块的需求科学施肥，从而减少不必要的肥料投入。节水灌溉技术不仅比漫灌等传统技术更加省水，在冲施肥的使用中也能够减少损失，从而降低投入的冗余。

⑪农户对新技术的态度这一变量的分析结果表明，风险厌恶型农户具有较小的种苗费和肥料费投入冗余。这是因为风险厌恶型农户在生产经营活动中往往更加谨慎，一方面在对价格较高的种子和肥料的施用方面较为保守，另一方面在要素的投入使用中更加偏向于精耕细作的生产方式，从而能够节省部分投入的冗余。

⑫政府补贴力度变量对种子育苗费的投入冗余有正向影响而对其他费用投入冗余有负向影响。从所调查样本中所涉及的补贴类型来看，大多数农户所接受的补贴为农机具购置补贴、配方肥补贴、温室大棚建设补贴和农业保险补贴。其他费用中包含了机耕费，拥有耕地机的农户机耕费成本将降低，因此会节省其他费用的投入。而从以上补贴范围来看，并不包含对种子育苗费的补贴，而在其他部分成本下降的情况下，可能会导致农户对未补贴的生产要素投入更多进而产生冗余。

⑬异常天气的影响对种子育苗费和肥料费冗余均产生了正向的影响，这是因为当异常天气产生影响后，首先可能会造成部分作物的损失，从而增加了种苗的使用量。其次，农户出于对风险补偿的心理会增加肥料的投入以期减少损失。

最后，从农户性别、年龄、受教育程度、菜地面积对种子育苗费和肥料费冗余的影响方向可以看出，这些变量往往会一方面增加种子育苗费冗余，一方面减少肥料费冗余，或者出现相反的情况。这表明种子育苗费和肥料费两项投入之间存在一定的替代性。

表 9-4　第二阶段 SFA 影响因素分析结果

变量	种子育苗费	肥料费	设施使用费	病虫害防治费	雇工费	其他费用
性别	−5.284***	15.794***	2.426	−0.474	0.309	−0.650
	(0.833)	(1.062)	(7.291)	(3.392)	(7.270)	(3.188)
年龄	1.106***	−1.333***	0.079	−0.030	−0.009	−0.051
	(0.061)	(0.275)	(0.301)	(0.154)	(0.309)	(0.103)
受教育程度	−5.544***	16.800***	−1.076	0.015	0.367	−0.509
	(0.048)	(1.130)	(3.902)	(1.930)	(4.057)	(1.391)
蔬菜生产劳动力数	−2.212***	−3.035*	−0.437	0.148	0.025	−1.091***
	(0.107)	(1.779)	(3.572)	(1.706)	(3.744)	(0.444)
种菜年限	−0.285	0.413	−0.198	0.018	−0.013	0.042
	(0.529)	(0.345)	(0.315)	(0.157)	(0.322)	(0.064)
蔬菜收入占比	15.873***	110.948***	−0.637	0.038	1.160	0.109
	(0.981)	(1.134)	(13.106)	(5.642)	(11.992)	(3.499)
菜地面积	0.254***	−0.458**	0.060	−0.017	0.113	−0.011
	(0.007)	(0.227)	(0.151)	(0.109)	(0.176)	(0.008)
设施类型	−2.719***	−70.178***	−3.449	−1.754	1.420	−0.366
	(0.215)	(1.628)	(5.429)	(3.103)	(5.566)	(0.446)
高产高效型技术	0.150	2.209*	0.441	−0.306	0.751	−0.319
	(0.725)	(1.182)	(2.157)	(0.996)	(2.169)	(0.223)
质量安全型技术	−0.101	13.758***	0.420	−0.375	0.633	0.966*
	(0.769)	(1.468)	(3.444)	(1.636)	(3.566)	(0.551)
环境保护型技术	0.565	−8.651***	−1.582	0.408	−0.514	0.375
	(1.092)	(1.895)	(2.700)	(1.215)	(2.738)	(0.487)

（续）

变量	种子育苗费	肥料费	设施使用费	病虫害防治费	雇工费	其他费用
对新技术的态度	−5.267 ***	−11.394 ***	−1.346	0.003	−0.874	−0.430
	(0.433)	(1.412)	(2.639)	(1.270)	(2.704)	(0.364)
补贴程度	1.213 *	0.242	0.935	−0.139	0.438	−0.415 *
	(0.726)	(1.146)	(1.913)	(1.043)	(2.048)	(0.238)
异常天气影响	6.835 ***	17.552 ***	−1.071	−0.154	−0.930	−0.691
	(0.556)	(1.114)	(5.042)	(2.407)	(5.163)	(1.905)
γ	1.000 ***	1.000 ***	0.998 ***	1.000 ***	0.995 ***	0.999 ***

注：表格中 * 、**、*** 分别表示在 10%、5%、1%的显著性水平下通过检验；系数值下方括号内为该系数的标准差。

数据来源：根据第二阶段 SFA 回归结果整理得到。

9.4 本章小结

目前我国蔬菜产业以小规模家庭经营为主，因此关于蔬菜生产效率影响因素的探讨应当以蔬菜种植户作为研究对象。本章以微观农户入户调查数据为基础，从技术采用以及生产和管理技术水平的提高两个角度对影响蔬菜生产效率的因素进行了分析。主要研究结论如下：

①蔬菜种植户整体技术效率存在较大损失，主要原因为农户生产和管理技术应用水平较低；经过三阶段 Bootstrapped-DEA 修正后的技术效率结果表明，随机因素和外部环境因素主要影响了农户生产和管理技术的应用；从农户蔬菜生产规模报酬来看，93%的蔬菜种植户处于规模报酬递增阶段，即大多数农户通过扩大生产规模能够使产出有较大程度的提高。

②各类因素主要对种子育苗费和肥料费投入产生显著影响，而对设施使用费、病虫害防治费和雇工费的投入影响较小；种子育苗费和肥料费两项投入之间存在一定的替代效应；从各影响因素来看，蔬菜种植户家庭劳动力数的增加、农户风险态度的保守化和环境保护型技术的采用有利于投入冗余的减少和效率水平的提高，农户家庭收入中蔬菜收入占比的提高、高产高效型和质量安全型技术的采用以及异常天气的影响会使投入冗余增加即使效率水平降低，大棚生产方式下的各项投入冗余水平低于温室生产方式。

10 蔬菜生产效率经济效应的模拟分析

前文对蔬菜生产效率影响因素的分析是从效率受何种因素影响的角度展开的。农业生产过程并不是封闭的过程，蔬菜生产与其他农业部门以及其他非农部门之间是相互关联的。蔬菜生产作为整个社会经济发展中的一个环节，不仅其生产效率受到各种外部环境因素的影响，蔬菜生产效率的变化也可能会对其他经济部门产生影响。因此为了解蔬菜生产效率变化在社会经济发展中所发挥的作用，本章将对蔬菜生产效率变动的经济效应进行模拟分析。

关于农业生产效率提高的经济溢出效应，已有研究进行了较多讨论。关于农业生产效率溢出效应的讨论最初集中在劳动力流动以及城乡收入差距等发展经济学问题上，并在理论方面形成了丰硕的成果，如 Lewis 的二元经济理论（1954）和费景汉—拉尼斯模型（1961）等，基于这些经典的理论模型，许多学者针对我国城乡二元结构背景下农业技术进步对劳动力转移以及城乡二元结构变化的作用展开了诸多探讨，如赵德昭和许和连（2012）、李斌等（2015）、朱业（2016）对农业技术进步与农村剩余劳动力的转移关系进行了理论与实证研究，认为农业技术进步形成了有效"推力"，从而促进了农村剩余劳动力的转移。程名望和阮青松（2010）从资本、土地、劳动力资源和技术进步的角度分析了促进农村剩余劳动力转移的因素，认为农业技术进步对农村剩余劳动力转移既有正向作用也有负向作用，而最终两种作用相互抵消。针对农业技术进步的其他方面部分学者也展开了分析，苗珊珊（2016）从粮食生产者和消费者角度对技术进步带来的福利效应进行分析，认为技术进步促进了整体社会福利的改善。赵亮和穆月英（2014）认为东亚对华 FDI 能够带来农业技术进步，而农业技术的进步能够产生 GDP 增长、农业及其要素生产部门出口增加等效应。董莹（2016）在对农业部门技术进步率进行测算的基础上，利用 CGE 模型分析了农业技术进步对社会经济带来的效应，认为农业技术进步能够提高农户收入、提高农产品国际竞争力，促进其他产业经济的发展。

综上，农业生产效率的提高对社会经济产生了显著的溢出效应，不论是对农业劳动力的流动、农户收益还是对宏观经济或是地区和产业的平衡发展都起到了促进的作用。但已有研究大多针对劳动力城乡的流动，从农业生产效率增长出发，系统性地分析其对农业各部门之间要素分配影响的研究尚属少见。因此，本章将在分析蔬菜生产效率社会经济溢出效应的基础上，基于第 4 章和第 7 章对蔬菜和各主要农业部门生产效率的测算结果，拟定模拟方案，采用可计算一般均衡模型对其经济溢出效应进行实证分析。

10.1　蔬菜生产效率经济效应的理论机制

蔬菜产业是基础的要素生产部门，与社会经济的其他部门之间存在不可分割的联系。蔬菜生产效率的变动能够通过农产品市场以及要素市场对社会经济产生溢出效应。因此，本节将对蔬菜生产效率对社会经济产出、要素投入、要素价格变动以及劳动力要素转移的作用机制进行理论分析和模型推导，为接下来的实证分析提供理论基础。

10.1.1　蔬菜生产效率与产出、要素投入及要素价格变动

本研究运用的 CGE 模型中，所有部门生产函数均为不变替代弹性（CES）函数形式，生产部门之间的差异体现在 CES 函数中技术因子、弹性参数和要素投入份额等参数的不同。对于农业生产部门，其生产函数可以假定为：

$$Q = AF(K, L, E) = A\Big[\sum \alpha_n^{1/\sigma} Z_n^{(\sigma-1)/\sigma}\Big]^{\sigma/(\sigma-1)} \qquad (10-1)$$

其中 K、L、E 分别代表农业生产中资本、劳动力和土地的投入，Z_n 是 CES 生产函数中代表各类投入要素的变量，此处 $n=1$、2 或 3。A 代表农业部门技术进步因子，即本研究所关注的生产效率增长。假定农业部门生产有成本函数如下：

$$C = \sum P_n Z_n \qquad (10-2)$$

其中 P_n 表示不同投入的要素价格，根据利润最大化的一阶条件有：

$$\frac{\partial \pi}{\partial Z_i} = \frac{\partial (Q-C)}{\partial Z_i} = 0 \qquad (10-3)$$

将式（10-1）和式（10-2）带入式（10-3）整理得到：

$$A^{\sigma} \left[\sum \alpha_n^{1/\sigma} Z_n^{(\sigma-1)/\sigma} \right]^{\sigma/(\sigma-1)} \alpha_i - P_i Z_i = 0 \qquad (10-4)$$

根据式（10-1）可以将 Q 带入式（10-4），得到：

$$A^{\sigma-1} Q \alpha_i = P_i Z_i \qquad (10-5)$$

两边取对数并求导可以得到各变量的增长率，由于 α_i 是外生变量，因此其增长率为 0，可以得到：

$$g_{z_i} + (1-\sigma) g_A = g_Q - \sigma g_{P_i} \qquad (10-6)$$

式（10-6）展示了包含生产效率增长的农业部门要素价格、要素投入和总产出之间的百分比变化关系。

10.1.2　蔬菜生产效率与要素转移

本研究借鉴关于城乡二元结构中农村剩余劳动力转移的理论机制，对蔬菜生产效率要素转移的理论机制展开分析。根据本研究特点，对土地和劳动力流动的探讨不仅基于农业部门和非农部门的视角，也包含从蔬菜生产部门向其他农业部门转移的视角，因此为了得到更为一般性的理论分析工具，将对原有理论进行一定的改进。首先假设包含 3 种投入的农业生产部门，其包含外生生产效率增长的 CES 生产函数形式为：

$$Q = A \left[\alpha_1^{1/\sigma} K^{(\sigma-1)/\sigma} + \alpha_2^{1/\sigma} E^{(\sigma-1)/\sigma} + \alpha_3^{1/\sigma} L^{(\sigma-1)/\sigma} \right]^{\sigma/(\sigma-1)} \qquad (10-7)$$

该农业生产部门的成本函数为：

$$C = rK + sE + wL \qquad (10-8)$$

其中，r、s、w 分别为农业生产中资本、土地和劳动力的要素价格。则该农业部门的生产利润函数为：

$$\pi = PQ - C \qquad (10-9)$$

其中 P 为农产品价格，则根据利润最大化的一阶条件，即对式（10-9）分别求 K、E、L 的一阶偏导可以得到：

$$\frac{r^\rho K}{\alpha_1}=\frac{s^\rho E}{\alpha_2}=\frac{w^\rho L}{\alpha_3} \tag{10-10}$$

将式（10-10）与式（10-7）联立可以得到达到利润最大化的均衡状态的农业部门对劳动力投入的需求：

$$L=\frac{Q \cdot \alpha_3}{A[\alpha_1(w/r)^{\sigma-1}+\alpha_2(w/s)^{\sigma-1}+\alpha_3]} \tag{10-11}$$

对式（10-11）求关于生产效率 A 的偏导数可以得到：

$$\frac{\partial L}{\partial A}<0 \tag{10-12}$$

即农业部门对劳动力要素的需求与农业部门生产效率的增长呈反向变动关系。相似地，可以根据式（10-10）和式（10-7）求得达到利润最大化的均衡状态的农业部门对土地投入的需求：

$$E=\frac{Q \cdot \alpha_2}{A[\alpha_1(s/r)^{\sigma-1}+\alpha_2+\alpha_3(s/w)^{\sigma-1}]} \tag{10-13}$$

对式（10-13）求关于生产效率 A 的偏导数，一样可以得到：

$$\frac{\partial E}{\partial A}<0 \tag{10-14}$$

即农业部门对土地的需求与农业部门生产效率的增长呈反向变动关系。因此可以看出，当农业部门生产效率提高时会带来劳动力和土地要素需求的减少，从而引起生产要素的重新分配。根据 Lewis 的二元经济理论，劳动力可以在农业和非农业部门之间自由流动，因此可能会引起农业与非农业部门之间分配的变化。而土地资源由于专用性较强，并且基于我国对耕地资源的保护政策，其流动性十分有限，下文假设耕地资源仅限于在农业部门之间分配变动，而不考虑土地非农化的情况。

10.2 一般均衡模型原理

蔬菜生产效率的改变直接对蔬菜产出产生影响，而蔬菜生产部门是社会经济的有机组成部分，蔬菜生产效率的变动也会牵引整个社会经济发生变化。为了能够系统性地反映出蔬菜生产效率变动对社会经济产生的溢出效应，并考虑到农业部门内部发展的变化情况，需要借助一般均衡理论的思想来考察经济部门之间的联动关系，并在此基础上构建可计算一般均衡模型实现生产效率改变对社会经济部门影响的模拟。本节将主要对一般均衡理论和可计算一般均衡模型进行介绍。

10.2.1 一般均衡理论

一般均衡理论思想的起源可以追溯到亚当·斯密提出的市场可以通过灵活可变的价格体系实现供求协调的观点。到 19 世纪末，瓦尔拉斯在其《纯粹经济学要义》(1989) 中提出，在完全竞争的条件下消费者和生产者针对自身效用最大化或利润最大化的最优化行为会促使整个经济体系处于均衡状态，即此时所有的产品和要素市场将达到供给等于需求的市场出清状态，而从整个经济要素提供和产品消费方面来看，要素的总收入将等于产品的总消费。瓦尔拉斯除了首次明确提出一般均衡理论外，还以线性代数为工具，将一般均衡理论模型化，成为当代一般均衡理论发展的起点。自此以后，通过众多学者如希克斯、诺伊曼、阿罗和德布鲁等纷纷从一般均衡解的存在性、唯一性、最优化和稳定性等方面加强了一般均衡理论的经济学基础，并逐渐完善了瓦尔拉斯的一般均衡理论。一般均衡理论的概念主要包含两个方面，一是均衡，二是一般。均衡是指系统由于达到最优状态而不再变动的情况。而一般的概念是与局部的概念相对应的，局部是指由于仅关心社会经济中某一部分的变动，从而将这部分与其他社会经济部门隔离，不相互发生联系的情况，一般则是指考虑社会经济中的全部部门的运行情况及其相互影响的变动关系。

10.2.2 可计算一般均衡模型

可计算一般均衡模型 (Computable General Equilibrium，CGE) 是在一般均衡模型理论的基础上提出的。1960 年，Johansen 在"多部门经济增长研究"一文中利用挪威的投入产出数据构建了涵盖 20 个产业和 1 个消费市场的 CGE 模型对挪威的经济增长做了量化和多部门描述，这是一般均衡理论第一次真正意义上的模型化。20 世纪 70 年代之后，世界经济受到能源价格、国际货币系统突变、实际工资率的迅速提高等问题的冲击，由于普通的经济计量模型没有严格的理论设定，并且过多依赖数据，使得对于CGE的研究重新被重视起来，CGE模型得到了迅速的发展。目前CGE模型广泛应用于环境资源政策（马喜立，2017；刘宇等，2015；贺菊煌等，2002）、财政政策（刘宇等，2016；Liu et al.，2015）、科学技术改进（董莹，2016；赵亮、穆月英，2014；Bautista、Robinson，1996）、贸易（Cox、Harris，2010；Perali et al.，2012）等各种问题的分析。

　　CGE模型主要是在微观经济学理论的基础上，通过构造多个模块来模拟宏观经济系统运行的过程，在这一过程的实现中微观与宏观之间有着清晰的脉络关系，各模块之间的数量联系也能够得到全面系统的展现。一般CGE模型主要由两大部分组成（图10-1），一部分构成了社会经济中所有商品的生产过程，称为生产部门，另一部分构成了社会经济中所有商品的消费过程，称为消费部门。在生产部门中，由于生产原料的来源不同和生产环节不同，又可分为3层。第一层是由初级要素以及中间投入的商品构成的最终商品的生产过程，一般采用CES形式的生产函数模拟第一层生产过程；第二层可以分为两部分，第一部分为由土地、劳动和资本投入生产初级要素的生产过程，第二部分为中间投入商品的来源，有国内自产和进口两种来源，第一部分生产过程以及第二部分国内和进口商品的替代过程均采用CES形式的函数进行模拟；第三层是在初级要素生产过程

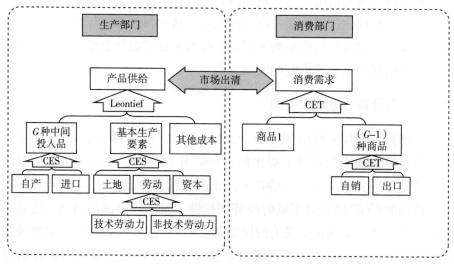

图10-1　CGE模型的设定机制

中对劳动力需求的产生过程，假定劳动力分为有技能和无技能两种，对两种劳动力的需求存在不变的替代弹性，即采用 CES 形式的函数描绘各产业下各类职位上有技能与无技能劳动力之间的替代过程。通过第三层—第二层—第一层各生产和替代函数的嵌套过程形成了整个社会经济的生产部门。消费部门包含了 G 种商品的消费，其中除一种商品仅供国内消费或仅供出口外，其余商品的消费过程均由出口和国内市场消费两部分组成，两部分消费的份额是通过构建常弹性转换函数（Constant Elasticity of Transformation，CET）来决定的。

10.3 蔬菜生产效率变化对经济影响的 CGE 模拟

蔬菜生产效率增长会对蔬菜生产部门带来直接影响，但蔬菜生产部门与其他农业部门乃至整个经济社会的发展都是相互关联的。本节将在前文对理论机制分析的基础上，拟定相应的模拟方案，并运用澳大利亚莫纳什（Monash）大学研发的 GEMPACK 软件对模拟方案进行实证冲击测算。蔬菜生产效率变化产生的社会经济溢出效应主要分为三个层面，首先是宏观层面的，其次是对相关农业部门的影响，最后是区域差异视角的影响。下文将分别从三个层面采用 GEMPACK 模拟蔬菜生产效率变化对社会经济的溢出效应并进行分析。

10.3.1 模拟方案的设定

蔬菜生产部门与其他农业部门之间存在资源和技术的竞争和共享关系，为了研究蔬菜生产效率对社会经济产生的溢出效应，本章将主要关注蔬菜及相关农业部门全要素生产率的变动。根据本书第 4 章和第 7 章对蔬菜及其他农业部门全要素生产率的研究结果，建立一般均衡模拟方案及其依据如下：

方案 1：为了能够客观评价蔬菜生产效率变动的社会经济溢出效应水平，需要设定评判的基本参考点，因此方案 1 将基于第 4 章对 2004—2016年蔬菜及其他农业部门全要素生产率实际变化的研究结果，即粮食作物全要素生产率年均增长率为 0.81%、蔬菜为 0.61%，根据 GEMPACK 中的部门设定，选择稻谷（1.22％）、小麦（0.84％）、棉花（1.1％）、蔬菜（0.61％）及其他农产品（0.91％）全要素生产率变动作为外生冲击。方案1得到的冲击结果将作为其他模拟方案的基本参照。

方案2：蔬菜全要素生产率进步不足的主要原因为蔬菜生产技术效率的损失，而技术效率的损失能够通过对农户经营方式的改善得到减少，因此方案2将根据技术效率损失减少带来全要素生产率提升的假设进行外生冲击。根据第7章的研究结果，当假设技术效率损失不存在时，露地蔬菜和设施蔬菜全要素生产率年均增长率将分别为0.89％和2.83％，因此方案2中对蔬菜全要素生产率的冲击比例为1.86％，其他农业部门沿用方案1的冲击比例，即稻谷（1.22％）、小麦（0.84％）、棉花（1.1％）及其他农产品（0.91％）。

方案3和方案4：为了检验蔬菜生产效率社会经济溢出效应的敏感性，分别选择露地蔬菜和设施蔬菜技术效率损失不存在时的全要素生产率年均增长率作为冲击。因此方案3在设定其他农业部门的全要素生产率冲击比例保持不变的基础上，将蔬菜全要素生产率冲击比例设定为0.89％，方案4则是设定蔬菜全要素生产率冲击比例为2.83％。

10.3.2 蔬菜生产效率对宏观经济指标的影响

选取实际GDP、家庭消费总值、进出口总值以及平均工资水平等宏观经济指标研究蔬菜生产效率变化对宏观经济的影响。从表10-1中可以看出，农业部门整体的全要素生产率提高会对实际GDP、出口总值带来正向影响，而对家庭消费总值、加税进口总值以及平均工资水平带来负向影响，这一模拟结果与赵亮和穆月英（2014）的模拟结果基本一致。从方案2与方案1的对比来看，当蔬菜全要素生产率进步率从0.61％提升到1.86％时，实际GDP水平提升0.04％，出口总值提升了0.12％。从家庭消费总值、加税进口总值和平均工资水平来看，蔬菜全要素生产率的进步使三项指标降低的百分比分别增加了0.12％、0.01％和0.12％，这说明蔬菜全要素生产率的进步会使家庭消费总值、加税进口总值和平均工资水平降低。表10-2展示了根据不同冲击方案下蔬菜全要素生产率增长率与宏观经济指标变动率计算出的宏观经济指标对蔬菜全要素生产率增长率的弹性系数，即蔬菜全要素生产率每增长 1‰ 带来的宏观指标的变化，对比蔬菜全要素生产率增长幅度较小的方案 1、方案 3 与增长幅度较大的方案 2、方案 4 可知，当蔬菜全要素生产率绝对值增加时，宏观经济指标变动的弹性系数减小，这说明从宏观经济指标层面来看，蔬菜全要素生产率变动的社会经济溢出效应存在边际报酬递减的趋势。

表 10-1 不同方案下宏观经济指标模拟结果

单位：%

指标名称	指标含义	方案 1	方案 2	方案 3	方案 4
x0gdp（exp/inc）	实际 GDP	0.07	0.11	0.08	0.14
w3tot	家庭消费总值	−0.17	−0.29	−0.20	−0.38
w4tot	出口总值	0.20	0.32	0.22	0.41
w0imp _ c	加税进口总值	−0.02	−0.03	−0.02	−0.03
p1lab _ i	平均工资水平	−0.17	−0.29	−0.20	−0.38

数据来源：根据 CGE 模型模拟结果整理得到。

表 10-2 不同方案下宏观经济指标对蔬菜全要素生产率增长率的弹性系数

指标名称	指标含义	方案 1	方案 2	方案 3	方案 4
x0gdp（exp/inc）	实际 GDP	0.11	0.06	0.09	0.05
w3tot	家庭消费总值	−0.28	−0.16	−0.22	−0.13
w4tot	出口总值	0.33	0.17	0.25	0.14
w0imp _ c	加税进口总值	−0.03	−0.02	−0.02	−0.01
p1lab _ i	平均工资水平	−0.28	−0.16	−0.22	−0.13

数据来源：根据 CGE 模型模拟结果整理得到。

10.3.3 蔬菜生产效率对农业部门的影响

蔬菜生产效率变化对农业部门的影响主要体现在两方面，一方面是对农产品市场的影响，主要包括农产品价格、产出、家庭需求以及进出口，另一方面是对农产品要素市场的影响，根据 CGE 模型的设定，下文主要针对农业部门劳动力和土地资源分配的情况展开讨论。

表 10-3 展示了不同方案下农业部门指标的模拟结果。从市场价格来看，农业生产部门全要素生产率增长会使农产品消费价格下降，因此方案 1 到方案 4 的模拟结果中农产品消费价格变动均为负向。对比方案 2 和方

案 1 可以看出，蔬菜全要素生产率的增长冲击主要带来蔬菜产品消费价格的下降，下降了 1.1%，同时也可以看出在蔬菜价格下降的同时，其他农产品的生产效率也呈现出一定程度的下降趋势。

表 10 - 3   不同方案下农业部门指标模拟结果

单位:%

指标名称	指标含义	方案 1	方案 2	方案 3	方案 4
p0（rice）		−1.14	−1.22	−1.16	−1.29
p0（wheat）		−0.83	−0.91	−0.84	−0.98
p0（fruitveg）	农产品消费价格	−0.63	−1.73	−0.87	−2.59
p0（cotton）		−1.05	−1.12	−1.06	−1.17
p0（othagric）		−0.85	−0.93	−0.87	−1.00
x0com（rice）		0.26	0.28	0.27	0.29
x0com（wheat）		0.20	0.22	0.21	0.23
x0com（fruitveg）	农产品产量	0.19	0.54	0.27	0.80
x0com（cotton）		0.24	0.33	0.26	0.41
x0com（othagric）		0.39	0.43	0.40	0.47
x3（rice）		0.51/−1.66	0.49/−1.85	0.51/−1.71	0.48/−1.99
x3（wheat）		0.35/−1.23	0.33/−1.41	0.34/−1.27	0.31/−1.55
x3（fruitveg）	农产品家庭需求量（国内/进口）	0.24/−0.96	0.76/−2.55	0.35/−1.31	1.16/−3.78
x3（cotton）		−0.09/−0.09	−0.16/−0.16	−0.11/−0.11	−0.21/−0.21
x3（othagric）		0.41/−1.22	0.39/−1.39	0.40/−1.26	0.38/−1.53
x4（rice）		0.54	0.82	0.60	1.03
x4（wheat）		0.54	0.82	0.60	1.03
x4（fruitveg）	农产品出口量	2.34	6.43	3.25	9.60
x4（cotton）		0.54	0.82	0.60	1.03
x4（othagric）		3.16	3.48	3.23	3.73
x0imp（rice）		−1.61	−1.70	−1.63	−1.77
x0imp（wheat）		−1.12	−1.21	−1.14	−1.28
x0imp（fruitveg）	农产品进口量	−0.80	−2.31	−1.14	−3.49
x0imp（cotton）		−1.15	−1.19	−1.16	−1.21
x0imp（othagric）		−1.23	−1.33	−1.25	−1.40

从农产品产量来看，农业部门的全要素生产率增长会使农产品产量增长，而对比方案 2 与方案 1 可以看出，蔬菜全要素生产率增长使蔬菜产品产出增长 0.35%。除此以外，蔬菜全要素生产率的增长还会引起其他农产品产量增长，而在其他农产品种类中，对棉花的产量增长效应最显著，

因此蔬菜全要素生产率增长存在对其他部门的溢出效应，同时这一溢出效应在同样是劳动力密集型的棉花产业中最为显著。

从农产品的家庭需求量来看，除棉花产品外，农业全要素生产率的增长会带来对农产品国内需求的增长、进口农产品需求的减少。从总量来看，家庭对农产品需求量整体呈现增长趋势。而对比各方案可以看出，蔬菜全要素生产率增长对蔬菜产品需求的影响最为显著，相比于方案 1，方案 2 中蔬菜国内需求增长了 0.52%，而对进口的需求则减少了 1.59%。其他农产品家庭消费虽然仍然保持国内需求增加进口需求减少的变动方向，但可以看出对国内产品的需求增加幅度相对较少，且从总量来看需求增加幅度也下降，表明蔬菜全要素生产率增长后，蔬菜产品对其他农产品存在替代效应。

从农产品的进出口量来看，农业全要素生产率增长带来的影响结果方向是一致的，即出口量增加，进口量减少，即农业全要素生产率增长使国内农产品更具国际竞争力。从进出口量来看，蔬菜全要素生产率增长带来的蔬菜产品出口量增长幅度为 4.09%，带来的进口量减少的幅度为 1.51%。同时可以看出，蔬菜全要素生产率增长对其他农产品的进出口亦存在一定的溢出效应，一般来看，蔬菜全要素生产率的增长引起了其他农产品进口量的减少和出口量的增加。

表 10 - 4 展示了不同模拟方案下农产品市场指标对蔬菜全要素生产率增长的弹性系数。从方案 1、方案 3 和方案 2、方案 4 的弹性系数对比来看，随着蔬菜全要素生产率增长率冲击值的增加，各农产品市场指标的弹性系数不断减小，即对于农产品市场指标，蔬菜全要素生产率冲击对蔬菜市场自身的影响以及对其他农产品市场产生的溢出效应同样存在边际效应递减的趋势。从其他农产品对蔬菜生产效率增长的"交叉"弹性系数来看，稻米消费价格、家庭需求量、进口量对于蔬菜生产效率变动 1% 的相应变动均较大，体现出消费市场上稻米与蔬菜产品的相关性较强。

表 10 - 5 展示了方案 1 到方案 4 下各农业行业劳动力就业变化情况。方案 1、方案 2 下各农业行业劳动力就业均存在下降趋势，因此农业全要素生产率增长节省了劳动力投入。对比方案 2 与方案 1 可知，蔬菜生产效率提高后劳动力就业减少 1.02%。同时，其他农业部门劳动力就业减少的比例有所下降，尤其是棉花生产部门，相对方案 1 劳动力就业增长了

0.11%。可见当蔬菜生产效率增长带来冲击时，会使蔬菜劳动力就业减少，同时劳动力会向其他农业部门转移，这一转移在同为劳动力密集型的棉花生产部门中尤为明显。

表 10-4　不同方案下农产品市场指标对蔬菜全要素生产率增长的弹性系数

单位：%

指标含义	指标名称	方案 1	方案 2	方案 3	方案 4
p0（rice）		−1.87	−0.66	−1.30	−0.46
p0（wheat）		−1.36	−0.49	−0.94	−0.35
p0（fruitveg）	农产品消费价格	−1.03	−0.93	−0.98	−0.92
p0（cotton）		−1.72	−0.60	−1.19	−0.41
p0（othagric）		−1.39	−0.50	−0.98	−0.35
x0com（rice）		0.43	0.15	0.30	0.10
x0com（wheat）		0.33	0.12	0.24	0.08
x0com（fruitveg）	农产品产量	0.31	0.29	0.30	0.28
x0com（cotton）		0.39	0.18	0.29	0.14
x0com（othagric）		0.64	0.23	0.45	0.17
x3（rice）		0.84/−2.72	0.26/−0.99	0.57/−1.92	0.17/−0.70
x3（wheat）	农产品家庭需求量	0.57/−2.02	0.18/−0.76	0.38/−1.43	0.11/−0.55
x3（fruitveg）	（国内/进口）	0.39/−1.57	0.41/−1.37	0.39/−1.47	0.41/−1.34
x3（cotton）		−0.15/−0.15	−0.09/−0.09	−0.12/−0.12	−0.07/−0.07
x3（othagric）		0.67/−2.00	0.21/−0.75	0.45/−1.42	0.13/−0.54
x4（rice）		0.89	0.44	0.67	0.36
x4（wheat）		0.89	0.44	0.67	0.36
x4（fruitveg）	农产品出口量	3.84	3.46	3.65	3.39
x4（cotton）		0.89	0.44	0.67	0.36
x4（othagric）		5.18	1.87	3.63	1.32
x0imp（rice）		−2.64	−0.91	−1.83	−0.63
x0imp（wheat）		−1.84	−0.65	−1.28	−0.45
x0imp（fruitveg）	农产品进口量	−1.31	−1.24	−1.28	−1.23
x0imp（cotton）		−1.89	−0.64	−1.30	−0.43
x0imp（othagric）		−2.02	−0.72	−1.40	−0.49

表 10-5　各模拟方案下各农业部门劳动力就业变化情况

单位：%

行业名称	方案 1	方案 2	方案 3	方案 4
稻谷	−1.07	−1.05	−1.06	−1.03
小麦	−0.71	−0.69	−0.70	−0.68
蔬菜	−0.46	−1.48	−0.69	−2.26
棉花	−0.96	−0.85	−0.94	−0.76
其他农产品	−0.59	−0.53	−0.57	−0.48

图 10-2 反映了从方案 1 到方案 2，蔬菜全要素生产率增长对全部行业劳动力就业的影响。从各行业劳动力就业变化可以看出，当蔬菜全要素生产率增长时，蔬菜生产部门劳动力就业减少幅度较大，为 1.02%；而其他劳动力就业增长较为显著的部门主要是纺织业、肉类和乳制品制造业以及纺织服饰、鞋、帽制造业，这表明当蔬菜生产效率提高时，节约的劳动力主要向与农业以及与农产品加工相关的其他劳动密集型产业转移。

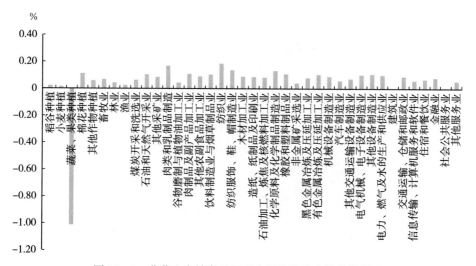

图 10-2   蔬菜生产效率增长对全行业劳动力就业的影响

表 10-6 展示了各方案下各农业部门耕地面积占比情况。由表可知，方案 1 中蔬菜耕地占比为 39.23%，而当对蔬菜生产效率进行冲击时，蔬菜占耕地面积比例有所下降，同时其他部门耕地占比均有一定程度的增长，表明蔬菜生产效率的提高也会节省耕地资源。图 10-3 展示了相对于方案 1，方案 2 中蔬菜生产效率冲击带来耕地占比变化时，节省的耕地资源在各农业部门间的分配情况。可以看出在蔬菜节省的耕地资源中，其他农产品生产部门所占的比例最大，达到了 65.64%，其次是稻谷生产部门，所占比例为 15.64%，小麦和棉花生产部门分别占 9.17% 和 9.55%。可见在蔬菜生产效率进步的冲击下耕地的分配更倾向于其他农业生产部门，其中包含经济作物生产部门和部分粮食作物生产部门。

表 10-6　各方案下各农业部门耕地面积占比情况

单位：%

行业名称	方案 1	方案 2	方案 3	方案 4
稻谷	10.26	10.30	10.27	10.33
小麦	6.08	6.10	6.09	6.12
蔬菜	39.23	38.97	39.17	38.77
棉花	5.07	5.10	5.08	5.12
其他农产品	39.36	39.53	39.40	39.66

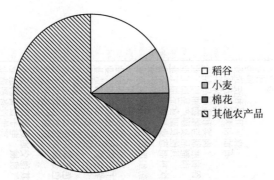

图 10-3　蔬菜生产效率冲击下耕地资源在各农业部门间的分配情况

数据来源：根据 CGE 模拟结果以及 CGE 模型初始设定值计算得到。

10.3.4　蔬菜生产效率对各地区产出的影响

　　由于我国各地区之间产业布局的差异，以及要素在地区之间具有流动性，农业部门生产效率的变化除了对农业部门和经济整体产生影响以外还会对地区之间的经济发展差异产生影响。图 10-4 展示了不同模拟冲击方案下各地区 GDP 变化率的对比情况，可以看出 4 个方案下各地区 GDP 增长率的分布特点基本一致，农业部门全要素生产率的增长会带来全部地区GDP 的增长，同时蔬菜生产效率增长能够增加各地区 GDP 的增长幅度。这表明蔬菜生产效率的增长能够通过促进各地区农业产出的增长间接刺激地区总产出的增长。

　　为了考察各地区 GDP 增长的差异，同时考虑到各地区农业生产中蔬菜生产地位的不同，按照蔬菜播种面积占农作物总播种面积的比例将全国

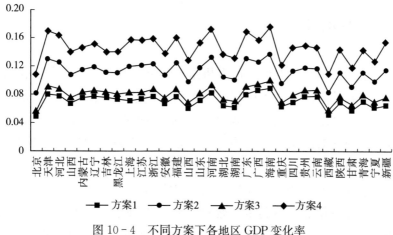

图 10-4 不同方案下各地区 GDP 变化率

31 个省区市划分为 4 类，计算各类地区的 GDP 增长率以及各方案下各类地区 GDP 增长率的变异系数，结果见表 10-7。从变异系数可以看出随着蔬菜生产效率冲击的增加，地区 GDP 增长率的变异系数逐渐变小，即随着蔬菜生产效率冲击比例的增长，各地区之间 GDP 的增长率差异有逐渐减小的趋势。从不同类型地区 GDP 增长率可以看出，在各个方案下均存在 GDP 增长率随蔬菜播种面积比例增长而增加的特点，且这一特点在蔬菜生产率增长幅度更大的方案下更为显著。这表明蔬菜生产效率所带来的产出增加的效应在蔬菜生产地位不同的地区之间存在差异，当地区农业生产中蔬菜生产地位较高时这种效应也较为显著，同时蔬菜生产效率冲击幅度越大，这种产出增长效应的地区差异越大。

表 10-7 各方案下不同类型地区 GDP 增长率及其变异系数

蔬菜播种面积比例	方案 1	方案 2	方案 3	方案 4
25%以上	0.074 6%	0.120 3%	0.084 9%	0.155 7%
15%~25%	0.074 0%	0.116 3%	0.083 5%	0.149 1%
10%~15%	0.071 2%	0.113 3%	0.080 6%	0.146 0%
10%以下	0.067 9%	0.107 4%	0.076 8%	0.138 1%
变异系数	0.131 3	0.121 2	0.126 9	0.120 4

数据来源：根据 CGE 模拟结果和《中国统计年鉴》相应年份数据整理得到。

10.4 本章小结

蔬菜生产部门是社会经济的有机组成部分，其生产效率的变化会对整个社会经济其他部门产生不同程度的影响，在考虑到农业部门内部发展的前提下，为了系统性地分析蔬菜生产效率变动对社会经济产生的溢出效应，本章以前文对蔬菜及其他农业生产部门生产效率测算的结果为依据，拟定4种冲击方案，并借助可计算一般均衡模型对蔬菜生产效率变动对社会经济其他部门的影响进行模拟。主要研究结论如下：

①宏观经济层面，蔬菜生产效率的提高提升了实际 GDP 水平从而促进了社会经济的发展，另外由于蔬菜生产效率的提高使国内蔬菜生产成本下降进而提升了国内蔬菜竞争力，带来了出口总值的增加，同时家庭消费总值、进口总值和平均工资水平有所下降；从不同方案的对比来看，蔬菜生产效率提高的社会经济溢出效应存在边际报酬递减的趋势。

②从农产品市场方面来看，蔬菜生产效率的提高使蔬菜价格降低、蔬菜产量有所增长，同时蔬菜生产效率的提高存在溢出效应，即同时使其他农产品价格及产量产生同方向的变化；由于提高了国内蔬菜产品的竞争力，因此蔬菜产品进口量减少而出口量增加，并且对其他农产品产生了正向溢出作用，使其他农产品的进出口量发生同方向变化；蔬菜生产效率的提高使国内家庭需求中的国内产品替代了部分进口产品，同时蔬菜产品也产生了对其他农产品的替代效应，造成其他农产品需求量减少；蔬菜生产效率增长的冲击不论是对蔬菜市场自身的直接效应还是对其他农产品市场产生的溢出效应均存在边际效应递减的趋势；蔬菜生产效率变化对稻米消费市场的需求量、价格以及进出口量的影响最大。

③从农产品要素市场来看，蔬菜生产效率的提高有效地减少了蔬菜生产部门的劳动力数量，劳动力存在向其他农业生产部门转移的趋势，且向劳动密集型的棉花生产部门的转移更为显著；从劳动力全产业的转移方向来看，蔬菜生产效率提高所释放的劳动力主要向与农业以及与农产品加工相关的其他劳动密集型产业转移；蔬菜生产效率的提高同时会释放部分耕地资源，而节省的耕地资源将有很大比例向稻谷和其他粮食生产部门

转移。

④蔬菜生产效率的增长将促进全国各地区总产出的增长；随着蔬菜生产效率冲击比例的增长，其对各地区总产出的影响将趋于收敛；蔬菜生产效率冲击的产出增长效应在地区之间存在差异，即在蔬菜播种面积比例较大的地区更为显著，同时这种差异随蔬菜生产效率冲击比例的增长而扩大。

11　研究结论与对策建议

在乡村振兴战略和农业供给侧结构性改革的要求下，在农业资源紧缺、农业生态环境破坏问题凸显的资源环境约束下，提高蔬菜生产效率是促进蔬菜产业发展，保持我国蔬菜产业及其他农业部门生产、经济、资源及环境可持续的根本途径。蔬菜品种丰富，种植范围广泛，蔬菜产业与社会经济的其他部门之间存在密切的联系，因此本书在对蔬菜生产效率相关理论进行梳理和总结的基础上，对蔬菜生产发展历史演变和现状进行描述并明确效率在蔬菜生产发展中的重要性，从农业产业、不同蔬菜品种以及不同地区差异的角度对蔬菜生产的经济技术效率和环境技术效率进行了评价，进而从时间和空间两个维度对蔬菜生产效率的变动规律进行了分析。从蔬菜与社会经济之间的相互影响关系，挖掘从农户视角提高蔬菜生产效率的可行性与方向，并借助可计算一般均衡模型模拟分析蔬菜生产效率变动对整个社会经济可能产生的影响。本章将对各章研究所得到的主要结论进行系统性梳理，给出相关政策建议，并指出本书存在的不足及未来研究可拓展的方向。

11.1　主要研究结论

本书主要围绕蔬菜生产的发展历史和现状，效率重要性评价，蔬菜生产效率水平测度，蔬菜生产效率的时间与空间变动特征，效率的影响因素以及蔬菜生产效率变动的社会经济溢出效应逐层展开，得到的主要结论总结如下：

①对蔬菜生产的历史演变与效率贡献率的分析研究表明：1978—2015年蔬菜生产规模不断扩大，逐渐成为除粮食作物外播种面积最大的作物，同时蔬菜产量和人均产量也迅速增长，我国蔬菜生产的发展可以分为缓慢

发展、逐渐发展以及迅速扩张三个阶段；目前我国蔬菜品种丰富，其中叶菜类、茄果类以及根茎类三类蔬菜的播种面积和产量最大；我国蔬菜土地生产率、劳动生产率、资本生产率均显著增长，化肥生产率呈现倒 U 形变化，且增长不明显；大中城市蔬菜劳动生产率低于全国水平，但资本生产率较高；2002—2012 年各类蔬菜中，茄果类蔬菜产量的占比增长迅速，茄果类和瓜菜类蔬菜产量增长率显著高于全部蔬菜平均水平，茄果类和叶菜类蔬菜产量的增长是蔬菜总产量增长的主要来源；2002—2012 年茄果类、根茎类和瓜菜类蔬菜播种面积占比有明显上涨，而其他蔬菜则有所下降；蔬菜总产量增长中生产效率的贡献达到 50％左右，但近些年生产效率的贡献度有所下降，蔬菜产量的增长更加依赖播种面积的增长，劳动生产率对蔬菜产量增长的贡献率达到 120％以上，且贡献率不断提高，蔬菜品种结构调整的贡献率较低，仅为 2％左右。

②对蔬菜生产效率特征的产业对比研究表明：与粮食与经济作物相比，蔬菜生产呈现出显著的高投入高产出高回报率的特征；蔬菜生产在土地生产率、劳动力生产率、资本生产率和肥料生产率方面均具有优势；蔬菜生产技术效率水平比粮食和经济作物高，主要限制因素是技术和管理方式应用水平的不足；与粮食和经济作物相比，蔬菜生产的 TFP 水平波动幅度较大，且平均增长速度较慢。

③结合蔬菜生产规模的各品种蔬菜生产效率及综合资源配置水平评价研究表明：从技术效率综合得分来看，设施果类蔬菜更具有优势，叶菜类蔬菜整体技术效率水平不高，且各 DMU 之间差距较大；环境污染因素会整体拉低蔬菜技术效率得分，且使得 DMU 之间差距拉大；纯技术效率是造成综合技术效率损失的主要因素，表明生产技术和管理水平不足是造成效率损失的主要因素；投入冗余和污染物过度排放对经济和环境技术效率损失贡献度最高，叶菜类投入冗余问题最为严重，设施果类污染物过度排放较为严重。从蔬菜效率优势区与生产优势区的空间匹配度分析来看，各品种蔬菜的效率优势区与生产优势区均存在不同程度的分离状况；露地果类蔬菜的匹配程度最高，且技术效率重心与生产规模重心之间距离存在缩小的趋势；设施果类与根茎类蔬菜 2011 年初始重心间距相似，根茎类蔬菜重心间距存在较为显著的扩大趋势；叶菜类蔬菜重心间距远大于其他类

蔬菜，且仍有不断扩大的趋势。

④对蔬菜生产效率的地区差异分析研究表明：由于经济发展和农业资源禀赋的差距，各地区在不同种类蔬菜生产方面各有偏重。普遍来讲不耐储运的蔬菜生产集中于消费市场附近，而更利于跨区供应的蔬菜更偏向于在农业生产资源更为适宜的地区生产。按照地区消费水平、蔬菜生产发展水平以及农业资源禀赋水平可以将全国 31 个省区市划分为 6 类地区：高消费水平低农业资源地区、高消费水平中等农业资源地区、中等消费水平高农业资源地区、低消费水平高农业资源地区、较低消费水平中等农业资源地区、低消费水平低农业资源地区。对不同种类蔬菜生产效率进行对比发现，第一类地区在各类蔬菜生产的经济和环境技术效率排名中均处于中等水平，且第一类地区纯技术效率水平较高，尤其是在环境技术效率分解方面，表明第一类地区具有较高的农业技术推广和技术指导水平；第二类地区在各类蔬菜生产的经济和环境技术效率方面均处于中等偏下水平；第三类和第四类地区效率水平整体较高，两类地区在果类蔬菜生产效率方面较有优势，同时第三类地区在叶菜类蔬菜生产方面效率较高，第四类地区在根茎类蔬菜生产方面具有效率优势，因此第三和第四类地区是未来我国蔬菜供给的主力地区；第五类地区在各类蔬菜生产中整体具有一定的效率优势，第五类地区也能够为保障蔬菜供给提供有力支持；第六类地区除在叶菜类蔬菜生产效率方面有优势外，其余品种生产效率方面表现逊色于其他地区。

⑤对不同蔬菜生产方式下蔬菜生产效率的时间变动分析研究表明：2002—2016 年露地蔬菜经济和环境 TFP 整体呈现微弱的退步趋势，主要原因是技术效率的退步，即露地蔬菜 TFP 为技术进步拉动型；露地蔬菜经济和环境 TFP 的发展可以分为三个阶段；环境 TFP 的增长幅度大于经济 TFP，环境技术进步率明显大于传统技术进步率；华东、中南和西南地区是经济和环境 TFP 增长的优势地区，各地区环境 TFP 增长均属于技术进步拉动型，而经济 TFP 增长方式方面则各有不同。2002—2016 年设施蔬菜经济 TFP 呈现正向增长的趋势，技术效率退步情况较为严重，属于技术进步强势拉动型增长；环境 TFP 略有下降，主要原因仍是技术效率的退步，设施蔬菜生产更倾向追求高产高效的生产目标；经济和

环境 *TFP* 增长可分为两个阶段；六大区域设施蔬菜经济和环境 *TFP* 均呈技术进步拉动型增长。露地蔬菜生产经济和环境 *TFP* 拉动整个蔬菜生产的发展，设施蔬菜经济 *TFP* 增长率低于露地蔬菜，主要原因是技术进步的速度相对较慢，但设施蔬菜 *TFP* 及其组内前沿对共前沿面呈现出追赶效应；露地蔬菜环境 *TFP* 增长率略高于设施蔬菜，设施与露地蔬菜环境技术进步的差距相对经济 *TFP* 来说更大，即设施蔬菜生产中环境问题较为严重。

⑥对蔬菜生产效率空间变动特征的分析研究表明：露地蔬菜的经济和环境 *TFP* 以及设施蔬菜的经济 *TFP* 在具有相似蔬菜种植结构的地区之间存在空间集聚效应，设施蔬菜环境 *TFP* 的空间集聚效应体现在邻近地区之间；对蔬菜的 σ 收敛检验结果表明，露地蔬菜的经济 *TFP* 存在显著的收敛趋势，而环境 *TFP* 则不存在收敛趋势，设施蔬菜的经济和环境 *TFP* 均存在显著的 σ 收敛性；具有相似种植结构地区的露地蔬菜经济和环境 *TFP* 以及设施蔬菜经济 *TFP* 更倾向于收敛，而距离相对较近地区的设施蔬菜环境 *TFP* 指数更倾向于收敛。蔬菜生产效率存在显著的绝对 β 和条件 β 收敛趋势，且 *TFP* 初期增长较快以及 *TFP* 指数增长较快的地区会对种植结构相似的地区或相邻的地区产生正向的辐射带动作用；农业科研投入对 *TFP* 增长有正向作用且存在空间溢出效应；农业产出占比较高的地区趋向于收敛均衡状态。

⑦对蔬菜生产效率影响因素的分析研究表明：蔬菜种植户整体技术效率存在较大损失，主要原因为农户生产和管理技术应用水平较低；经过三阶段 Bootstrapped-DEA 修正后的技术效率结果表明，随机因素和外部环境因素主要影响了农户生产和管理技术的应用；从农户蔬菜生产规模报酬来看，93％的蔬菜种植户处于规模报酬递增阶段，即大多数农户通过扩大生产规模能够使产出有较大程度的提高。各类因素主要对种子育苗费和肥料费投入产生显著影响，而对设施使用费、病虫害防治费和雇工费的投入影响较小；种子育苗费和肥料费两项投入之间存在一定的替代效应；从各影响因素来看，蔬菜种植户家庭劳动力数的增加、农户风险态度的保守化和环境保护型技术的采用有利于投入冗余的减少和效率水平的提高，农户家庭收入中蔬菜收入占比的提高、高产高效型和质量安全型技术的采用以

及异常天气的影响会使投入冗余增加即使效率水平降低，大棚生产方式下的各项投入冗余水平低于温室生产方式。

⑧对蔬菜生产效率变动的经济溢出效应模拟分析研究表明：蔬菜生产效率的提高有效地提高了全国和各地区的实际 GDP 水平以及蔬菜产品的国际竞争力；蔬菜生产效率的提高对其他农产品市场产生了溢出效应，且对稻谷市场影响程度更高；蔬菜生产效率提高释放了部分劳动力和土地资源，节省的劳动力更倾向于向与农业以及与农产品加工相关的其他劳动密集型产业转移，土地资源则主要向稻谷和其他粮食生产部门转移；随着蔬菜生产效率冲击比例的增长，其对各地区总产出的影响将趋于收敛；蔬菜生产效率冲击的产出增长效应在地区之间存在差异，即在蔬菜播种面积比例较大的地区更为显著，同时这种差异随蔬菜生产效率冲击比例的增长而扩大。

11.2　相关对策建议

根据以上研究结论，提出促进蔬菜生产效率增长，改善蔬菜生产的负向环境影响，发挥蔬菜生产效率提高的正向溢出效应的相关对策建议如下：

①全国整体蔬菜发展方面，一方面，继续推动蔬菜"大流通"格局的形成和完善，鼓励和扶持生鲜冷链物流发展，逐渐纠正蔬菜生产中资源错配的情况，充分发挥各地区在各品种蔬菜生产方面的资源和区位优势。另一方面，对于蔬菜生产效率较低的地区要增加与高效率地区尤其是蔬菜种植结构较为相似的高效率地区的技术交流并加强对其蔬菜产业相关政策的借鉴，以增强空间溢出的带动作用；对于接近收敛稳态且生产效率发展缓慢的地区可以通过加大农业科研投入打破收敛均衡，实现效率的进一步增长。

②在蔬菜的各主要品种中，应重点关注叶菜类蔬菜生产技术的推广，充分挖掘其生产潜力；设施蔬菜生产具有较高的经济价值和效率优势，因此应当加大设施蔬菜生产的推广，但同时应关注设施蔬菜生产的环境污染问题，配套推广有机肥等的使用。

③关于促进蔬菜生产效率提高，一方面要注重新技术的推广和应用指导，关注蔬菜生产过程中的环境污染问题，将高产高效型和环境保护型两类技术综合推广，以向产量增长和环境保护双赢的蔬菜生产方式发展；另一方面，生产和管理技术的应用水平不足是阻碍蔬菜生产效率提高的主要因素，为促进农户蔬菜生产技术效率的改善，可通过推广蔬菜生产保险和加强对蔬菜生产的扶持力度等手段，降低蔬菜经营风险，有利于促进农户蔬菜经营过程中要素的合理配置。设施蔬菜是未来蔬菜供给的重要生产方式，对于符合条件的地区可以以推广冷棚生产为主。

④针对各地区蔬菜生产特点，对于经济发展水平较高但农业资源禀赋较差和经济发展水平较低且农业资源禀赋较差的地区，需要充分利用当地资源，加大技术推广和技术指导的力度，优先种植不耐储运的蔬菜品种如叶菜类，以保证当地蔬菜供给的多样性和充足性；关注高消费水平中等农业资源地区的蔬菜生产发展，有效实行技术的推广和培训，充分利用当地资源；对于农业资源禀赋较好且蔬菜生产效率水平较高的两类地区，要保持效率优势以期为未来全国蔬菜供给提供保障；对于包含省份较多的第五类地区，需要从技术应用水平方面提高蔬菜生产效率。

⑤针对蔬菜生产效率的溢出效应，促进蔬菜生产效率的提升工作的重点可集中在一些既是蔬菜主产区又是粮食主产区的省份，从而更有效地实现蔬菜生产资源向粮食部门的转移，为保障我国粮食安全做出贡献；在蔬菜主产省份，可以扶持农产品加工产业及其他劳动密集型产业，促进蔬菜生产劳动力顺利地向其他产业转移。

11.3 存在不足与未来研究方向

在有限的研究期内，难以获得连续系统的蔬菜生产相关数据，因此，在对蔬菜生产效率的测算评价过程中所选取的数据样本缺乏对全国各地区蔬菜生产长时期变动的观测。在蔬菜生产效率变动对社会经济溢出效应的模拟分析中，一方面仅考虑了农业部门生产效率的变动，而假设其他经济部门生产效率保持不变，因而所得结果可能与实际有一定差距，另一方面受限于模型的设定，未考虑包含环境污染因素的蔬菜生产效率的社会经济溢出效应。

　　未来的研究将争取扩充所研究的内容，扩大蔬菜生产效率测算面板数据所涵盖的地区和时期，对蔬菜生产效率的变动趋势进行更为全面的分析，掌握更为完整的蔬菜生产效率变动规律。另外，在蔬菜生产效率社会经济溢出效应方面，将同时考虑农业和非农部门生产效率的变动制定冲击方案，对蔬菜生产效率增长产生的经济效应做更全面深入的探讨。最后，将通过继续深入学习一般均衡理论及可计算一般均衡模型，对已有模型进行修正，以实现对蔬菜生产环境效率冲击的模拟，并进一步从环境可持续角度探讨蔬菜生产效率提升的经济溢出效应。

参　考　文　献

白雪洁，宋莹，2008. 中国各省火电行业的技术效率及其提升方向——基于三阶段 DEA
模型的分析 [J]. 财经研究，34 (10)：15-25.

陈静，李谷成，冯中朝，等，2013. 油料作物主产区全要素生产率与技术效率的随机前沿
生产函数分析 [J]. 农业技术经济 (7)：85-93.

陈立新，2013. 黑龙江省设施蔬菜生产现状与对策研究 [D]. 北京：中国农业科学院.

陈茂春，2005. 蔬菜施肥应因菜制宜 [N]. 农民日报，10-15.

陈琼，李瑾，王济民，2014. 基于 SFA 的中国肉鸡养殖业成本效率分析 [J]. 农业技术
经济 (7)：68-78.

陈雨生，乔娟，闫逢柱，2009. 农户无公害认证蔬菜生产意愿影响因素的实证分析——以
北京市为例 [J]. 农业经济问题 (6)：34-39.

陈雨生，乔娟，赵荣，2009. 农户有机蔬菜生产意愿影响因素的实证分析——以北京市为
例 [J]. 中国农村经济 (7)：20-30.

程名望，阮青松，2010. 资本投入、耕地保护、技术进步与农村剩余劳动力转移 [J]. 中
国人口·资源与环境 (8)：27-32.

崔晓，张屹山，2014. 中国农业环境效率与环境全要素生产率分析 [J]. 中国农村经济
(8)：4-16.

崔言民，王箐，2012. 不同组织模式下无公害蔬菜生产效率评价研究 [J]. 农业技术经济
(9)：28-34.

崔言民，2012. 山东省无公害蔬菜生产组织模式比较及优化研究 [D]. 青岛：中国海洋大学.

董奋义，韩咏梅，2015. 基于拓展型灰色绝对关联度的河南省小麦科技进步贡献率测算
[C]. 中国管理科学学术年会.

董莹，2016. 全要素生产率视角下的农业技术进步及其溢出效应研究 [D]. 北京：中国农
业大学.

董莹，穆月英，2015. 农业技术进步、农村劳动力转移对地区工资与收入差距的影响——
基于 SFA-CGE 两阶段模拟分析 [J]. 北京理工大学学报：社会科学版，17 (5)：91-98.

杜江，王锐，王新华，2016. 环境全要素生产率与农业增长：基于 DEA-GML 指数与面板
Tobit 模型的两阶段分析 [J]. 中国农村经济 (3)：65-81.

范成方,史建民,2013. 粮食生产比较效益不断下降吗——基于粮食与油料、蔬菜、苹果种植成本收益调查数据的比较分析 [J]. 农业技术经济 (2): 31 - 39.

弗朗索瓦・魁奈,2013. 魁奈《经济表》及著作选 [M]. 北京:华夏出版社.

高帆,2015. 我国区域农业全要素生产率的演变趋势与影响因素——基于省际面板数据的实证分析 [J]. 数量经济技术经济研究 (5): 3 - 19, 53.

高露华,刘大明,葛凤丽,等,2008. 转型期中国大豆生产资源配置效率及其区域特征研究 [J]. 大豆科学 (2): 334 - 338.

葛继红,2011. 江苏省农业面源污染及治理的经济学研究 [D]. 南京:南京农业大学.

龚月,2010. 武汉市蔬菜生产投入产出分析 [D]. 武汉:华中农业大学.

郭哲彪,2014. 我国主要城市大白菜全要素生产率分析 [D]. 呼和浩特:内蒙古农业大学.

韩松,王稳,2004. 几种技术效率测量方法的比较研究 [J]. 中国软科学 (4): 147 - 151.

韩婷,穆月英,2015. 中国蔬菜生产自然风险省际比较研究 [J]. 农业展望 (8): 36 - 43.

贺菊煌,沈可挺,徐嵩龄,2002. 碳税与二氧化碳减排的 CGE 模型 [J]. 数量经济技术经济研究,19 (10): 39 - 47.

侯萌瑶,张丽,王知文,等,2017. 中国主要农作物化肥用量估算 [J]. 农业资源与环境学报 (4): 360 - 367.

侯媛媛,王礼力,2011. 基于主成分分析基础上的中国蔬菜生产预测 [J]. 兰州大学学报:社会科学版,39 (3): 114 - 117.

侯媛媛,2012. 我国蔬菜供需平衡研究 [D]. 杨凌:西北农林科技大学.

胡彪,王锋,李健毅,等,2015. 基于非期望产出 SBM 的城市生态文明建设效率评价实证研究——以天津市为例 [J]. 干旱区资源与环境,29 (4): 13 - 18.

胡世霞,2016. 湖北省蔬菜产业竞争力研究 [D]. 武汉:华中农业大学.

胡宇娜,2016. 中国旅游产业效率时空演变特征与驱动机制研究 [D]. 长春:东北师范大学.

黄季焜,牛先芳,智华勇,等,2008. 蔬菜生产和种植结构调整的影响因素分析 [J]. 中国园艺文摘,28 (1): 4 - 10.

黄曼,2011. 上海市郊蔬菜生产演变及驱动机制研究 [D]. 上海市:华东师范大学.

黄祖辉,扶玉枝,徐旭初,2011. 农民专业合作社的效率及其影响因素分析 [J]. 中国农村经济 (7): 4 - 13.

霍建勇,2016. 中国番茄产业现状及安全防范 [J]. 蔬菜 (6): 1 - 4.

纪龙,吴文劼,2015. 我国蔬菜生产地理集聚的时空特征及影响因素 [J]. 经济地理,35 (9): 141 - 148.

焦源,2013. 山东省农业生产效率评价研究 [J]. 中国人口・资源与环境,23 (12): 105 - 110.

孔祥智,张琛,周振,2016. 设施蔬菜生产技术效率变化特征及其收敛性分析——以设施

番茄为例 [J]. 农村经济 (7)：9-15.

匡远凤，2012. 技术效率、技术进步、要素积累与中国农业经济增长——基于 SFA 的经验分析 [J]. 数量经济技术经济研究 (1)：3-18.

赖斯芸，杜鹏飞，陈吉宁，2004. 基于单元分析的非点源污染调查评估方法 [J]. 清华大学学报：自然科学版，44 (9)：1184-1187.

李斌，吴书胜，朱业，2015. 农业技术进步、新型城镇化与农村剩余劳动力转移——基于"推拉理论"和省际动态面板数据的实证研究 [J]. 财经论丛 (10)：3-10.

李谷成，范丽霞，成刚，等，2013. 农业全要素生产率增长：基于一种新的窗式 DEA 生产率指数的再估计 [J]. 农业技术经济 (5)：4-17.

李谷成，冯中朝，2010. 中国农业全要素生产率增长：技术推进抑或效率驱动——一项基于随机前沿生产函数的行业比较研究 [J]. 农业技术经济 (5)：4-14.

李尽法，吴育华，2008. 河南省农业全要素生产率变动实证分析——基于 Malmquist 指数方法 [J]. 农业技术经济 (2)：96-102.

李然，冯中朝，2009. 环境效应和随机误差的农户家庭经营技术效率分析——基于三阶段 DEA 模型和我国农户的微观数据 [J]. 财经研究，35 (9)：92-102.

李祥伟，2005. 中国北方蔬菜园区的技术效率研究——来自山东、河北的案例分析 [D]. 北京：中国农业大学.

李艳梅，孙焱鑫，刘玉，等，2015. 京津冀地区蔬菜生产的时空分异及分区研究 [J]. 经济地理，35 (1)：89-95.

李岳云，卢中华，凌振春，2007. 中国蔬菜生产区域化的演化与优化——基于 31 个省区的实证分析 [J]. 经济地理，27 (2)：191-195.

林光平，龙志和，吴梅，2006. 中国地区经济 σ 收敛的空间计量实证分析 [J]. 数量经济技术经济研究，23 (4)：14-21.

刘秉镰，李清彬，2009. 中国城市全要素生产率的动态实证分析：1990—2006——基于 DEA 模型的 Malmquist 指数方法 [J]. 南开经济研究 (3)：139-152.

刘凤朝，2013. 经济社会发展对人口空间分布影响研究 [M]. 北京：科学出版社.

刘雪，傅泽田，常虹，2002. 我国蔬菜生产的区域比较优势分析 [J]. 中国农业大学学报，7 (2)：1-6.

刘宇，肖宏伟，吕郢康，2015. 多种税收返还模式下碳税对中国的经济影响——基于动态 CGE 模型 [J]. 财经研究 (1)：35-48.

刘宇，周梅芳，郑明波，2016. 财政成本视角下的棉花目标价格改革影响分析——基于 CGE 模型的测算 [J]. 中国农村经济 (10)：70-81.

刘战伟，2017. 技术进步、技术效率与农业全要素生产率增长——基于农业供给侧改革视角 [J]. 会计与经济研究 (3)：107-116.

刘子飞，王昌海，2015. 有机农业生产效率的三阶段 DEA 分析——以陕西洋县为例 [J].
　　中国人口·资源与环境，25（7）：105-112.

卢凌霄，周应恒，龙开胜，2010. 中国主要城市蔬菜生产的地区优势分析——以黄瓜、西
　　红柿为例 [J]. 财贸研究，21（1）：58-64.

卢中华，2008. 蔬菜生产效益及其影响因素研究 [D]. 南京：南京农业大学.

鲁强，2017. 中国大中城市蔬菜生产技术效率提高了吗？——基于超越对数随机前沿模型
　　的分析 [J]. 宏观质量研究，5（1）：74-90.

鲁珊珊，俞菊生，2014. 基于灰色模型 GM（1，1）的上海蔬菜产量预测研究 [J]. 中国
　　农学通报，30（35）：255-260.

罗登跃，2012. 三阶段 DEA 模型管理无效率估计注记 [J]. 统计研究，29（4）：
　　105-108.

罗君英，2009. 蔬菜如何分类施肥 [N]. 河南科技报，09-08.

吕超，周应恒，2011. 我国蔬菜产业生产效率变动分析 [J]. 统计与决策（9）：92-94.

马海良，黄德春，姚惠泽，2011. 中国三大经济区域全要素能源效率研究——基于超效率
　　DEA 模型和 Malmquist 指数 [J]. 中国人口·资源与环境，21（11）：38-43.

马喜立，2017. 大气污染治理对经济影响的 CGE 模型分析 [D]. 北京：对外经济贸易大学.

麦尔旦·吐尔孙，杨志海，王雅鹏，2015. 农村劳动力老龄化对种植业生产技术效率的影
　　响——基于江汉平原粮食主产区 400 农户的调查 [J]. 华东经济管理（7）：77-84.

孟阳，穆月英，2012. 基于地区比较视角的北京市蔬菜生产效率分析 [J]. 中国农学通
　　报，28（34）：244-251.

苗珊珊，2016. 粮食生产技术进步的农户福利效应分析 [J]. 科技管理研究（1）：119-
　　124，157.

闵锐，2012. 粮食全要素生产率：基于序列 DEA 与湖北主产区县域面板数据的实证分析
　　[J]. 农业技术经济（1）：47-55.

穆月英，赵双双，赵霞，2011. 北京市蔬菜生产的优势区域布局与比较 [J]. 中国蔬菜
　　（22）：16-20.

穆月英，赵霞，段碧华，等，2010. 北京市蔬菜产业的地位及面临的问题分析 [J]. 中国
　　蔬菜，1（21）：7-12.

彭国甫，2005. 基于 DEA 模型的地方政府公共事业管理有效性评价——对湖南省 11 个地
　　级州市政府的实证分析 [J]. 中国软科学（8）：128-133.

彭晖，张嘉望，李博阳，2017. 我国农产品生产集聚的时空格局及影响因素——以蔬菜生
　　产为例 [J]. 西北农林科技大学学报：社会科学版（6）：81-90.

彭科，安玉发，方成民，2011. 农户生产无公害蔬菜的技术效率及其影响因素分析——基
　　于山东寿光无公害黄瓜和西红柿生产的调查 [J]. 技术经济（3）：81-86.

戚焦耳，郭贯成，陈永生，2015. 农地流转对农业生产效率的影响研究——基于 DEA-To-
bit 模型的分析 [J]. 资源科学，37 (9)：1816-1824.

钱静斐，2015. 有机蔬菜生产技术效率分析——基于随机前沿生产函数并以山东肥城为例
[J]. 湖南农业大学学报：社会科学版 (4)：1-7.

钱克明，2015. 转方式调结构加快"十三五"现代农业发展 [N]. 人民政协报，3-10.

秦臻，倪艳，2012. 中国农业全要素生产率的实证研究 [J]. 统计与决策 (15)：
133-137.

全炯振，2009. 中国农业全要素生产率增长的实证分析：1978—2007 年——基于随机前
沿分析（SFA）方法 [J]. 中国农村经济 (9)：36-47.

全林，罗洪浪，2005. 基于 Bootstrap 方法数据包络分析的回归分析 [J]. 上海交通大学
学报，39 (10)：1652-1655.

石晶，李林，2013. 基于 DEA-Tobit 模型的中国棉花生产技术效率分析 [J]. 技术经济，
32 (6)：79-84.

宋朝建，2012. 秀山县大棚蔬菜生产现状及对策思考 [J]. 南方农业：园林花卉版，6
(8)：66-68.

宋燕平，栾敬东，2005. 农民素质与农业技术创新关系分析 [J]. 科技管理研究，25
(4)：52-54.

宋雨河，李军，武拉平，2015. 农户蔬菜种植技术效率及其影响因素分析——基于 DEA-
Tobit 两步法的实证研究 [J]. 科技与经济 (2)：36-40.

宋增基，徐叶琴，张宗益，2008. 基于 DEA 模型的中国农业效率评价 [J]. 重庆大学学
报：社会科学版，14 (3)：24-29.

索艳青，曹雪梅，张莹，等，2012. 衡水市蔬菜生产现状及发展经验探讨 [J]. 农业科技
通讯，26 (9)：8-10.

陶长琪，王志平，2011. 技术效率的地区差异及其成因分析——基于三阶段 DEA 与 Boot-
strap-DEA 方法 [J]. 研究与发展管理，23 (6)：91-99.

田伟，李明贤，谭朵朵，2010. 基于 SFA 的中国棉花生产技术效率分析 [J]. 农业技术
经济 (2)：69-75.

田伟，杨璐嘉，姜静，2014. 低碳视角下中国农业环境效率的测算与分析——基于非期望
产出的 SBM 模型 [J]. 中国农村观察 (5)：59-71.

田云，张俊飚，吴贤荣，等，2015. 碳排放约束下的中国农业生产率增长与分解研究
[J]. 干旱区资源与环境 (11)：7-12.

涂俊，吴贵生，2006. 基于 DEATobit 两步法的区域农业创新系统评价及分析 [J]. 数量
经济技术经济研究 (4)：136-145.

瓦尔拉，1989. 纯粹经济学要义 [M]. 北京：商务印书馆.

汪慧玲，卢锦培，2014. 环境约束下粮食安全与经济可持续发展的实证研究［J］. 资源科学，36（10）：2149-2156.

汪三贵，刘晓展，1996. 信息不完备条件下贫困农民接受新技术行为分析［J］. 农业经济问题（12）：31-36.

王兵，吴延瑞，颜鹏飞，2010. 中国区域环境效率与环境全要素生产率增长［J］. 经济研究（5）：95-109.

王贺封，石忆邵，尹昌应，2014. 基于 DEA 模型和 Malmquist 生产率指数的上海市开发区用地效率及其变化［J］. 地理研究，33（9）：1636-1646.

王欢，穆月英，2014. 基于农户视角的我国蔬菜生产资源配置评价——兼对三阶段 DEA 模型的修正［J］. 中国农业大学学报，19（6）：221-231.

王欢，穆月英，2015. 北京市设施蔬菜生产效率及结构分析——基于农户调研数据［J］. 中国蔬菜（1）：45-49.

王欢，穆月英，2017. 中国蔬菜生产效率地区差异及产区细分——以露地茄子为例［J］. 北京航空航天大学学报：社会科学版（6）：46-51，62.

王锐淇，彭良涛，蒋宁，2010. 基于 SFA 与 Malmquist 方法的区域技术创新效率测度与影响因素分析［J］. 科学学与科学技术管理，31（9）：121-128.

王文娟，肖小勇，2013. 基于三阶段 DEA 模型的蔬菜生产技术效率分析［J］. 长江蔬菜（10）：35-39.

王亚坤，王慧军，2015. 我国设施蔬菜生产效率研究［J］. 中国农业科技导报，17（2）：159-166.

王艺颖，刘春力，2016. 陕西省主要粮食作物生产成本收益研究——以小麦、玉米为例［J］. 中国农业资源与区划（6）：143-148.

王永齐，2007. 融资效率、劳动力流动与技术扩散：一个分析框架及基于中国的经验检验［J］. 世界经济，30（1）：69-80.

文拥军，2009. 基于超效率 DEA 的农业循环经济发展评价——以山东省为例［J］. 生产力研究（2）：21-22.

吴建寨，沈辰，王盛威，等，2015. 中国蔬菜生产空间集聚演变、机制、效应及政策应对［J］. 中国农业科学，48（8）：1641-1649.

吴文勋，2015. 我国蔬菜生产集聚的时空特征和影响因素分析［D］. 武汉：华中农业大学.

西奥多·W. 舒尔茨，2006. 改造传统农业［M］. 第 2 版. 北京：商务印书馆.

夏春萍，刘文清，2012. 蔬菜生产效益及其影响因素的实证研究——以湖北省黄梅县小池口镇为例［J］. 统计与决策（12）：113-116.

肖体琼，何春霞，陈巧敏，等，2015. 基于机械化生产视角的中国蔬菜成本收益分析［J］. 农业机械学报，46（5）：75-82.

肖小勇，李秋萍，2014. 中国农业技术空间溢出效应：1986—2010 [J]. 科学学研究，32
　　（6）：873-881.

谢玉佳，2005. 农户蔬菜生产经营行为研究——彭州市蔬菜生产农户的实证分析 [D]. 雅
　　安：四川农业大学.

邢鹂，高涛，吕开宇，等，2008. 北京市瓜蔬类作物生产风险区划研究 [J]. 中国农业资
　　源与区划，29（6）：55-60.

邢卫锋，2004. 影响农户采纳无公害蔬菜生产技术的因素及采纳行为研究 [D]. 北京：中
　　国农业大学.

徐家鹏，李崇光，2011. 中国蔬菜生产技术效率及其影响因素分析 [J]. 财经论丛，V158
　　（3）：3-7.

徐世艳，李仕宝，2009. 现阶段我国农民的农业技术需求影响因素分析 [J]. 农业技术经
　　济（4）：42-47.

许庆，2013. 技术效率、配置效率与中国的粮食生产——基于农户的微观实证研究 [J].
　　人民论坛·学术前沿（16）：84-95.

杨刚，杨孟禹，2013. 中国农业全要素生产率的空间关联效应——基于静态与动态空间面
　　板模型的实证研究 [J]. 经济地理（11）：122-129.

杨键，2010. 萝卜生产成本收益及全要素生产率分析 [D]. 武汉：华中农业大学.

杨锦英，韩晓娜，方行明，2013. 中国粮食生产效率实证研究 [J]. 经济学动态（6）：
　　47-53.

叶颀，许莉萍，2015. 基于 DEA 的中国甘蔗优势产区生产效率实证研究 [J]. 江苏农业
　　科学（5）：476-480.

尹朝静，李谷成，贺亚亚，2016. 农业全要素生产率的地区差距及其增长分布的动态演
　　进——基于非参数估计方法的实证研究 [J]. 华中农业大学学报：社会科学版（2）：
　　38-46，135-136.

于伟咏，漆雁斌，李阳明，2015. 碳排放约束下中国农业能源效率及其全要素生产率研究
　　[J]. 农村经济（8）：28-34.

余建斌，乔娟，龚崇高，2007. 中国大豆生产的技术进步和技术效率分析 [J]. 农业技术
　　经济（4）：41-47.

张标，张领先，傅泽田，等，2016. 我国蔬菜生产技术效率变动及其影响因素分析——以
　　黄瓜和茄子为例 [J]. 中国农业大学学报（12）：133-143.

张海洋，2005. R&D 两面性、外资活动与中国工业生产率增长 [J]. 经济研究（5）：
　　107-117.

张可，丰景春，2016. 强可处置性视角下中国农业环境效率测度及其动态演进 [J]. 中国
　　人口·资源与环境（1）：140-149.

张领先，熊蓓，刘雪，2013. 基于 DEA 的北京蔬菜产业生产效率与技术进步评价 [J].
　科技管理研究，33（8）：56-58.

张涛，2004. 中日蔬菜生产效率比较分析 [J]. 现代经济探讨（6）：37-40.

张婷，2012. 农户绿色蔬菜生产行为影响因素分析——以四川省 512 户绿色蔬菜生产农户
　为例 [J]. 统计与信息论坛，27（12）：88-95.

张伟，2013. 农户蔬菜生产安全技术采用决策研究 [D]. 杨凌：西北农林科技大学.

张新民，2010. 有机菜花生产技术效率及其影响因素分析——基于农户微观层面随机前沿
　生产函数模型的实证研究 [J]. 农业技术经济（7）：60-69.

张永霞，2006. 中国农业生产率测算及实证研究 [D]. 北京：中国农业科学院.

张有铎，朱晓玲，2016. 不同种蔬菜生长需肥特点小谈 [J]. 农民致富之友（7）：98.

赵德昭，许和连，2012. FDI、农业技术进步与农村剩余劳动力转移——基于"合力模型"
　的理论与实证研究 [J]. 科学学研究（9）：1342-1353.

赵亮，穆月英，2014. 基于东亚对华 FDI 的技术进步对我国农业的影响研究 [J]. 系统工
　程理论与实践（1）：1-12.

郑秋道，2005. 新乡市无公害蔬菜生产模式研究 [D]. 郑州：河南农业大学.

钟筱波，1989. 我国蔬菜生产布局调整的构思 [J]. 经济地理（2）：19-22.

钟鑫，张忠明，2014. 我国蔬菜生产区域特征及比较优势研究 [J]. 中国食物与营养，
　20（6）：24-28.

周端明，2009. 技术进步、技术效率与中国农业生产率增长——基于 DEA 的实证分析
　[J]. 数量经济技术经济研究（12）：70-82.

周宏，褚保金，2003. 构建中国农业生产效率的动态监测体系 [J]. 农业经济问题，
　24（12）：45-48.

周宁，2007. 农民文化素质的差异对农业生产和技术选择渠道的影响——基于全国十省农
　民调查问卷的分析 [J]. 中国农村经济（9）：33-38.

周五七，2014. 低碳约束下中国工业绿色 TFP 增长的地区差异——基于共同前沿生产函
　数的非参数分析 [J]. 经济管理（3）：1-10.

朱晶，李天祥，朱珏，2015. 江苏省粮食增产的贡献因素分解与测算（2004—2013
　年）——基于粮食内部种植结构调整的视角 [J]. 华东经济管理（3）：11-16.

朱南，卓贤，董屹，2004. 关于我国国有商业银行效率的实证分析与改革策略 [J]. 管理
　世界（2）：18-26.

朱业，2016. 农业技术进步、新型城镇化对农村剩余劳动力转移的影响研究 [D]. 长沙：
　湖南大学.

朱中超，2013. 比较优势、竞争优势与中国蔬菜产业发展 [D]. 南京：南京农业大学.

左飞龙，穆月英，2013. 我国露地番茄生产效率的区域比较分析 [J]. 中国农业资源与区

划, 34 (4): 64 - 68.

Andersen, Petersen, Christian N, 1993. A Procedure for Ranking Efficient Units in Data Envelopment Analysis [J]. Management Science, 39 (10): 1261 - 1264.

Anselin L, 1988. Spatial Econometrics: Methods and Models [J]. Economic Geography, 65 (2): 160 - 162.

Arrow K, 1962. The Economic Implication of Learning by Doing [J]. Review of Economics & Statistics, 29 (3).

Banker R D, Charnes A, Cooper W W, 1984. Some Models for Estimating Technical and Scale Inefficiencies in Data Envelopment Analysis [J]. Management Science, 30 (9): 1078 - 1092.

Barro R J, 1990. Government Spending in a Simple Endogenous Growth Model [J]. Journal of Political Economy, 98 (5): 103 - 126.

Barro R J, 1992. Convergence [J]. Journal of Political Economy, 100 (2): 223 - 251.

Barton G T, Cooper M R, Barton G T, et al. , 1948. Relation of agricultural production to inputs [J]. Review of Economics & Statistics: 117 - 126.

Battese G E, Corra G S, 1977. Estimation Of A Production Frontier Model: With Application to the Pastoral Zone of Eastern Australia [J]. Australian Journal of Agricultural & Resource Economics, 21 (3): 169 - 179.

Bautista R M, Robinson S, 1996. Income and Equity Effects of Crop Productivity Growth under Alternative Foreign Trade Regimes: A CGE Analysis for the Philippines [J]. Tmd Discussion Papers, 4 (3): 468 - 479.

Bozoğlu M, Ceyhan V, 2007. Measuring the Technical Efficiency and Exploring the Inefficiency Determinants of Vegetable Farms in Samsun Province, Turkey [J]. Agricultural Systems, 94 (3): 649 - 656.

Chambers R G, Chung Y, Färe R, 1996. Benefit and Distance Functions [J]. Journal of Economic Theory, 70 (2): 407 - 419.

Chambers R G, Färe R, Grosskopf S, 1996. Productivity Growth in Apec Countries [J]. Pacific Economic Review, 1 (3): 181 - 190.

Charnes A, Cooper W W, Rhodes E, 1978. Measuring the Efficiency of Decision Making Units [J]. European Journal of Operations Research, 2 (6): 429 - 444.

Chung Y H, Färe R, Grosskopf S, 1997. Productivity and Undesirable Outputs: A Directional Distance Function Approach [J]. Journal of Environmental Management, 51 (3): 229 - 240.

Coelli T J, Rao D S P, O'donnell C J, et al. , 2005. An Introduction to Efficiency and Productivity Analysis [M]. New York: Springer US.

Cox D, Harris R G, 2010. North American Free Trade and its Implications for Canada: Results from a CGE Model of North American Trade [J]. World Economy, 15 (1): 31 - 44.

Denison E F, 1962. The Sources of Economic Growth in the United States and the Alternatives before Us [M]. Committee for Economic Development: 545 - 552.

Färe R, Grosskopf S, Jr C A P, 2007. Environmental Production Functions and Environmental Directional Distance Functions [J]. Energy, 32 (7): 1055 - 1066.

Färe R, Grosskopf S, Lindgren B, et al. , 1994. Productivity Developments in Swedish Hospitals: A Malmquist Output Index Approach [M]. Berlin: Springer Netherlands: 227 - 235.

Färe R, Grosskopf S, Norris M, 1994. Productivity Growth, Technical Progress, and Efficiency Change in Industrialized Countries: Reply [J]. American Economic Review, 84 (5): 1040 - 1044.

Farrell M J, 1957. The Measurement of Productivity Efficiency [J]. Journal of the Royal Statistical Society, 120 (3): 377 - 391.

Fried H O, Lovell C A K, Schmidt S S, et al. , 2002. Accounting for Environmental Effects and Statistical Noise in Data Envelopment Analysis [J]. Journal of Productivity Analysis, 17 (1 - 2): 157 - 174.

Fuglie K O, Kascak C A, 2001. Adoption and Diffusion of Natural-Resource-Conserving Agricultural Technology [J]. Review of Agricultural Economics, 23 (2): 386 - 403.

Grossman G M, Helpman E, 1991. Quality Ladders in the Theory of Growth [J]. Review of Economic Studies, 58 (1): 43 - 61.

Haji J, 2007. Production Efficiency of Smallholders' Vegetable-dominated Mixed Farming System in Eastern Ethiopia: A Non-Parametric Approach [J]. Social Science Electronic Publishing, 16 (1): 1 - 27.

Hayami Y, Ruttan V W, 1970. Agricultural Productivity Differences among Countries [J]. American Economic Review, 60 (5): 895 - 911.

Heidari M D, Omid M, 2011. Energy Use Patterns and Econometric Models of Major Greenhouse Vegetable Productions in Iran [J]. Energy, 36 (1): 220 - 225.

Johansen L, 1960. A Multisectoral Study of Economic Growth [M]. Noord-Holland: North-Holland Publishing Co. : 460 - 462.

Jorgenson D W, Gollop F M, Fraumeni B M, 1987. Productivity and U. S. Economic Growth [J]. Economic Journal, 100 (399): 274.

Jr R E L, 1999. On the Mechanics of Economic Development [J]. Journal of Monetary E-conomics, 22 (1): 3 - 42.

Kalirajan K P, Shand R T, 1994. Modelling and Measuring Economic Efficiency Under Risk [J]. Indian Journal of Agricultural Economics, 49 (4).

Kneip A, Wilson P W, 2003. Asymptotics for DEA Estimators in Non-parametric Frontier Models [J]. STAT Discussion Papers - 0317.

Krugman P R, 1991. Increasing Return and Economic Geography [J]. Journal of Political Economy, 99 (3): 483 - 499.

Krutilla J V, 1967. Conservation Reconsidered [J]. American Economic Review, 57 (4): 777 - 786.

Leibenstein H, 1966. Allocative Efficiency vs. "X-Efficiency" [J]. American Economic Review, 56 (3): 392 - 415.

Lewis W A, 1954. Economic Development with Unlimited Supplies of Labour [J]. Manchester School, 22 (2): 139 - 191.

Liu J Y, Lin S M, Xia Y, et al. , 2015. A Financial CGE Model Analysis: Oil Price Shocks and Monetary Policy Responses in China [J]. Economic Modelling, 51: 534 - 543.

Macdougall G D A, 1960. The Benefits and Costs of Private Investment From Abroad: A Theoretical Approach [J]. Economic Record, 36 (73): 13 - 35.

Malmquist S, 1953. Index Numbers and Indifference Surfaces [J]. Trabajos De Estadistica, 4 (2): 209 - 242.

Meeusen W, Broeck J V D, 1977. Efficiency Estimation from Cobb-Douglas Production Functions with Composed Error [J]. International Economic Review, 18 (2): 435 - 444.

Nishimizu M, Page J M l, 1982. Total Factor Productivity Growth, Technological Progress and Technical Efficiency Change: Dimensions of Productivity Change in Yugoslavia, 1965—1978 [J]. Economic Journa, 92 (368): 920 - 936.

Perali F, Pieroni L, Standardi G, 2012. World Tariff Liberalization in Agriculture: An Assessment Using a Global CGE Trade Model for EU15 Regions [J]. Journal of Policy Modeling, 34 (2): 155 - 180.

Ranis G, Fei J C H, 1961. A Theory of Economic Development [J]. American Economic Review, 51 (4): 533 - 565.

Rao E J O, Brümmer B, Qaim M, 2011. Farmer Participation in Supermarket Channels, Production Technology, and Efficiency: The Case of Vegetables in Kenya [J]. American Journal of Agricultural Economics, 94 (4): 891 - 912.

Rattanasuteerakul K，Thapa G B，2012. Status and Financial Performance of Organic Vege-table Farming in Northeast Thailand [J]. Land Use Policy，29 (2)：456 - 463.

Rebelo S，1991. Long-Run Policy Analysis and Long-Run Growth [J]. Journal of Political Economy，99 (3)：500 - 521.

Romer P M，1990. Endogenous Technological Change [J]. Nber Working Papers，98 (98)：71 - 102.

Romer P M，1986. Increasing Returns and Long-Run Growth [J]. Journal of Political E-conomy，94 (5)：1002 - 1037.

Schmidt L P，1977. Formulation and Estimation of Stochastic Frontier Production Function Models [J]. Journal of Econometrics，6 (1)：21 - 37.

Simar L，Wilson P W，2000. A General Methodology for Bootstrapping in Non-parametric Frontier Models [J]. Journal of Applied Statistics，27 (6)：779 - 802.

Simar L，Wilson P W，1998. Sensitivity Analysis of Efficiency Scores：How to Bootstrap in Nonparametric Frontier Models [J]. Management Science，44 (1)：49 - 61.

Solow R M，1957. Technical Change and the Aggregate Production Function [J]. Review of Economics & Statistics，39 (3)：554 - 562.

Spitzer M，1997. Interregional Comparison of Agricultural Productivity Growth，Technical Progress，and Efficiency Change in China's Agriculture：A Nonparametric Index Ap-proach [J]. Working Papers，79 (3)：2464.

Stigler G J，1947. Trends in Output per Worker [J]. National Bureau of Economic Research.

Tinbergen J，1942. Zur Theorie der langfristigen Wirtschaftsentwicklung [J]. Weltwirts-chaftliches Archiv，55：511 - 549.

Tobler W R，1970. A Computer Movie Simulating Urban Growth in the Detroit Region [J]. Economic Geography，46：234 - 240.

Tone K，2001. A Slacks-based Measure of Efficiency in Data Envelopment Analysis [J]. European Journal of Operational Research，130 (3)：498 - 509.

Tone K，2004. Dealing with Undesirable Outputs in DEA：A Slacks-based Measure (SBM) Approach (DEA (1)) [J]. 日本オペレーションズ・リサーチ学会春季研究発表会アブストラクト集：44 - 45.

Whiteman J L，1988. The Efficiency of Labour and Capital in Australian Manufacturing [J]. Applied Economics，20 (2)：243 - 261.

Wu J，An Q，2013. Slacks-based Measurement Models for Estimating Returns to Scale [J]. International Journal of Information & Decision Sciences，5 (1)：25 - 35.

Wu S，Walker D，Devadoss S，et al. ，2001. Productivity Growth and its Components in Chinese Agriculture after Reforms [J]. Review of Development Economics，5（3）：375－391.

Zhemin L，Yumei Z，Chao Z，et al. ，2014. 海南省蔬菜种植成本收益分析——基于六县农户的调查 [J]. China Vegetables，1（4）.

后　记

　　九年前，跟着爸妈和奶奶第一次来到北京来到农大，因为不认识路四处找报道地点的场景还历历在目。匆匆九年，当年稚气未脱的我已悄悄长大，褪去了年少的天真烂漫却多了一份坚定。农大见证了我的成长岁月，也记录了我最美好的青春年华，已经成为我的第二个家。我爱你，我的中国农业大学！

　　回首九年时光，从本科到硕博连读阶段，一路上懵懵懂懂的自己多么幸运遇到那么多善良的师友。在研究即将完成，学生生涯也接近结束之时，感慨良多，对教导、支持和陪伴我的老师、同学和朋友充满感激。

　　首先向我的导师穆月英教授致以最诚挚的感谢。我与穆老师的缘分是从 2010 年年初开始的。那时候大二的发展经济学课程由穆老师教授，亲切、认真负责是大多数学生对穆老师的一致评价。以至于到大三选毕业论文导师时，很大一部分同学都选择了穆老师，而我十分幸运，最终分在了穆老师指导的小组，在穆老师指导论文期间更是从学术研究的角度体会到了导师的严谨。大四保研开启了我 6 年的科研之路，正是这 6 年在穆老师的指导下我有了飞速的成长。刚入师门时，对初次尝试学术研究跌跌撞撞的我，穆老师给予了充分肯定和鼓励；研究遇到困境甚至有所懈怠时，穆老师对我耐心教导、包容有加的同时也以最恰当的方式鞭策我；心情低落失去动力的时候，穆老师又总会以各种方式送来关怀。整个 6 年的学习和研究中的每一点进步都凝结着导师的心血和智慧。导师总是提供给我大量的培训、学习和交流的机会，锻炼了我独立自主进行科研的能力。而对于我自己选择的学习方式，导师也总是给予最大限度的理解和支持。科研能力培养以外，穆老师严谨的态度、创新的思维和高尚的人格给我留下了深刻的印象，并使我受益匪浅，也许目前我的成长还十分有限，但这些将是我一生的财富。

同样，在我学习和科研的路上也获得了来自田志宏老师、郑志浩老师、司伟老师、武拉平老师、李秉龙老师、肖海峰老师、何秀荣老师、王秀清老师、白军飞老师、方向明老师、赵霞老师、乔娟老师、苏保忠老师、朱俊峰老师、刘拥军老师、吕之望老师、林海老师、陈永福老师、韩一军老师、韩青老师、北京工商大学的谭向勇老师、中国农业科学院的赵芝俊老师以及在宾夕法尼亚州立大学访学期间我的外导 Dave Abler 教授等老师的耐心指导与帮助，各位老师的教导和帮助让我打下了坚实的理论基础，也使我的实证分析能力得到了极大的提高，同时，各位老师也在我学位论文的选题和完成过程中提出了许多宝贵的意见和建议，对我学位论文的最终定稿起到了至关重要的作用。

感谢我们"如穆春风"的所有兄弟姐妹们，我们日益壮大的大家庭能人辈出，温暖又优秀，正是在这样的师门氛围下，我获得了足够多的鼓励和支持，也正是兄弟姐妹们的配合，才使得本研究得以顺利完成。他们是：赵亮师兄、沈辰师兄、李想师兄、范垄基师兄、陈晓娟师姐、乔金杰师姐、董莹师姐、孟阳师姐、张荣驹师兄、吴舒师姐、李靓师姐、韩婷、于丽艳师姐、丁建国师兄、张哲晰师妹、康婷师妹、杨鑫师弟、王鸣师妹、徐依婷师妹、刘凯师弟、赵沛如师妹、金珏雯师妹、段哲琨师妹、于文奇师弟，还有即将入学的李浩然师妹、邸伟良师弟、王松楠师弟和陈宏伟师弟。

一路走来，少不了互相陪伴一同成长的小伙伴们。室友对我来说一直是家人般的存在，从本科阶段的孔垂婧、汪文乐、王如玉、吴佼、何思萌、朱奂莹、欧阳佳玲到从本科一直相互扶持到硕士阶段的唐旭和张彤，还有本硕博一路互相勉励的室友徐娜。感激一路遇到的这些善良又优秀的室友，是她们一直以来的陪伴照顾和包容才让我九年的求学生涯如此无忧无虑。出国联合培养一年的经历除锻炼了自己在陌生环境中单打独斗的生活能力外，还让我收获了许多挚友。Armsby307 大家庭的聂文静、李昆、徐枫在异国他乡给予我家人般的关怀和支持，"运动小垮队"的巩俐、侯腾飞、于老师、李好和王临曦带给我很多陪伴和欢笑。

"父母之恩，云何可报，慈如河海，孝若涓尘。"感谢父母对我无私的大爱。我曾设想为人父母最好的状态就是对子女决定的尊重和理解。而当我回顾这前二十七年的人生，父母所作的已远远超出我所期待的。从从小学才艺、到来北京上大学上农大，再到读博士、出国，我总是倔强任性地做着自己喜欢的事情，却不曾意识到父母已在对我生活与学业的担忧中渐渐老去。我所做的事情和决定父母不一定能够全部赞同，但他们却永远是我最强大的后援团，我因为小小的成绩而沾沾自喜时他们以我为傲，我因为挫折懊恼纠结时他们永远宽慰和支持，让我能够没有后顾之忧地放手去做。虽然平时相处起来像朋友，也很少直接表达，但父母的爱和支持我都感受到了，在此也想向爸爸妈妈说一句："我爱你们！"

匆匆那年，特别多的感激送给那些爱我的和我爱的人们。那些珍贵的日子是我最美好的回忆。愿不忘初心，归来仍是少年。

王　欢

2019 年 12 月 30 日